뷰티 스타일리스트

머리말

최근 창직創職의 신개념 직업으로 부각되고 있는 뷰티 스타일리스트는 패션, 메이크업, 헤어스타일, 액세서리 등의 분야를 망라하여 관련 아이템들을 조화롭게 코디함으로써 이미지나 스타일을 총체적으로 기획하고 연출하는 전문 인력으로, 산업이 고도화되어 직종이 다양해지면서 그 활동 영역이 더욱 확대되고 있습니다. 패션쇼와 이벤트, 방송, 영화, 광고, 무대공연, 어패럴과 유통, 연예 기획사 등 다양한 분야로 진출할 수 있는 고부가가치의 직업군인 것입니다.

이렇게 뷰티 스타일리스트의 역할에 대한 중요성과 가치가 날로 높아지고 있기는 하지만 지금까지 이들을 체계적으로 육성하고 안정적인 취업과 창업을 지원하는 비영리 단체가 없었기에 어려움이 많았습니다.

이에 뷰티 스타일리스트의 인력 양성과 활동을 적극적으로 돕기 위해 한국뷰티스타일리스트협회를 발족하였습니다. 본 협회의 발족과 더불어 그 첫 번째 사업으로 뷰티 스타일리스트 자격 검정을 시행하여 인재 배출과 취업의 네트워크를 조직적으로 검증하고 관리하고자 합니다. 그 일환으로 관련 전공 우수 교수님들과 협력하여 뷰티 스타일리스트의 업무에 필요한 이론을 정비하고 실무 능력을 키우기 위한 책을 발간하게 되었습니다.

이 책이 뷰티 스타일리스트의 지적 함양을 위한 초석이 되길 희망하며 바쁜 가운데에도 사명감으로 노고를 함께한 저자들과 물심양면으로 도와주신 많은 교수님들께 감사드립니다.

한국뷰티스타일리스트협회 회장 안미려

차 례

CHAPTER 1 | 뷰티 스타일리스트의 이해

CHAPTER 4 | 이미지별 액세서리의 이해

CHAPTER 5 | 이미지별 메이크업의 이해

CHAPTER 8 | 이미지별 맵 작업과 실습

CHAPTER 1

뷰티 스타일리스트의 이해

CHAPTER 01

뷰티 스타일리스트의 이해

뷰티 스타일리스트beauty stylist는 인간의 아름다움과 관련된 모든 분야와 요소를 통일성과 연관성에 따라 목적에 맞게 활용할 수 있도록 전문적인 지도나 조언을 하는 사람으로서 색채학을 기초로 메이크업makeup, 헤어스타일hairstyle, 패션 코디네이션fashion coordination(의상 · 신발 · 가방 · 모자 · 액세서리 등)을 조화롭게 연출하여 이미지나 스타일을 창조한다.

고도의 산업화로 다양한 직업이 생겨나고 외모와 이미지가 개인적으로나 사회적으로 항상 화젯거리가 되고 있는 현시대에 멋스러운 스타일의 연출은 선택이 아닌 필수 사항이다. 그만큼 뷰티 스타일리스트의 역할과 활동 영역도 점차 확대되고 있다. 이에 부합하기 위해서는 기본적인 뷰티 · 패션 학문의 지식을 근거로 헤어hair, 얼굴face, 신체body의 단점을 보완하면서 미적인 감각을 가미하여 목적에 적합한 작업을 수행할 수 있는 능력을 갖춰야 할 것이다.

1. 뷰티 스타일리스트의 역할

(1) 보완 조정

얼굴과 신체의 단점을 기능적으로 보완하고 장점을 최대한 부각시켜 이미지를 재조정한다.

(2) 상호 조정

조직에 소속된 개인의 이미지, 즉 직업이나 가치관 등 사회생활에 적합한 개인의 사회적 이미지를 연출한다.

(3) 개성 표현

개인의 개성을 파악하여 아름답게 표현한다.

(4) 새로운 이미지 창조

1900년대 이후로 산업이 급격히 발달하면서 등장한 새로운 직종에 맞는 새로운 이미지와 스타일을 창출한다.

2. 뷰티 스타일과 디자인의 원리

1) 대칭균형symmetrical(formal) balance

균형이란 어느 한쪽으로 기울거나 치우치지 않은 고른 상태로서 균등하게 분배된 크기, 무게, 양, 밀도, 힘, 긴장, 평형을 통해 평온, 안정, 휴식, 침착함 등의 감각을 느낄 수 있다. 디자인의 시각적 요소가 상하좌우로 같을 때 형성되므로 안정감은 있으나 단조롭다는 단점이 있어 개성을 표현하거나 세련된 분위기를 연출할 때는 어려움이 있다.

뷰티 메이크업에서는 좌우 대칭의 균형이 중요한 요소로 작용하며, 의상에서는 안정되고 보수적인 느낌을 주기 때문에 평상복, 제복, 아동복에 많이 적용된다.

2) 비대칭균형asymmetrical balance

비대칭균형은 좌우의 선, 색, 재질 중 어느 한 요소가 다르게 사용되어 대칭을 이루지 못한 상태를 뜻한다. 일반적으로 성숙미와 세련미를 더하여 운동감, 유연성, 부드러움이 느껴진다. 대칭에 비해 안정감은 부족하나 동적인 느낌의 신선한 율동미로 흥미를 유발하고 화려함을 연상시키는 만큼 뛰어난 연출 감각이 필요하다. 활동성이 강한 운동복, 드레시한 이브닝드레스 또는 칵테일드레스 등에 많이 적용되며 아트 메이크업과 헤어스타일 디자인에도 효과적이다.

3) 조화harmony

조화는 둘 이상의 부분들의 상호 관계에 대한 미적 가치판단으로 해당 요소가 분리되거나 서로 배척하지 않고 통일된 전체로서 각자 높은 감각적 효과를 발휘할 때 일어나는 미적 현상이다. 조화가 이루어졌을 때 전체 디자인이 통합성을 띠게 된다.

4) 비례proportion

비례는 디자인 각 요소의 부분과 부분, 전체에 대한 길이나 크기의 적절한 관계를 말한다. 고대 그리스 시대부터 현대에 이르기까지 면이나 길이를 조화롭게 분할하는 이상적인 비례의 기준인 황금분할(1 : 1.618)은 인간이 시각적으로 느낄 수 있는 가장 아름다운 미적 분할로서 'golden section(proportion)'이라고 한다. 큰 부분과 작은 부분의 관계가 서로 비슷하면서도 작은 차이가 있어야 흥미가 유발되고 통일감이 있으면서도 변화가 있는 디자인이라고 할 수 있다. 중앙을 기준으로 상하 1 : 1의 대칭적인 유사비례와 특정 부분이 1 : 4, 1 : 5, 1 : 6 등 전체에 비해 대조적인 대조비례도 디자인에서 흥미를 유발할 수 있다. 따라서 사물의 인식에 영향을 미치는 요소인 비례는 착시 현상을 일으켜 신체의 일부를 강조하거나 결점을 보완할 수 있다.

5) 대조contrast

대조는 명암明暗, 흑백黑白, 대소大小, 원근遠近, 곡선과 직선, 부드러움과 딱딱함, 차가움과 따뜻함 등 반대 요소들이 주는 상반된 느낌을 말한다. 강렬하고 간격이 큰 배열로 역동적이고 극적인 분위기를 연출하는 대조는 조용하고 아름답다는 느낌을 주는 조화에 비해 정신적인 감동과 격렬한 기쁨이 있다. 대조는 대립, 반대, 변화 등으로 흥미를 자극하고 감정을 흥분시키는 효과가 있어 독특한 개성미를 표현할 수 있다.

6) 통일unity

통일은 조화와 아름다움을 창출할 수 있는 질서를 말하며 의복을 입은 착용자의 이미지, 착용 환경, 메이크업, 헤어스타일, 디자인 요소들을 잘 배합했을 때 이루어진다. 이는 형태, 색채, 양, 재료, 기술 면에서 미적 단계의 결합이나 질서를 말한다고 할 수 있다. 디자인의 모든 부분을 적절히 유기적으로 연결함으로써 아무것도 더하거나 빼거나 바꾸지 않고도 질서를 형성할 수 있으며 색채, 질감, 패턴, 형상 등을 반복적으로 사용하면 통일감을 연출할 수 있다. 다른 개체 간의 통일감은 색, 소재, 디테일, 실루엣, 디자인 등이 융합되어 전체적이고 통합적인 효과로 아름다움과 조화를 이룰 때 가능하다.

7) 리듬rhythm

리듬은 선에 의한 기울기의 연속, 서로 구별되는 색을 통한 인접 부분들의 상대적인 면적 효과, 형태와 문양의 공간적 배치 등을 말하며 변화와 흥미를 유도하는 원리로서 연속성의 운동감이나 특정 요소의 반복으로 움직임을 전달하여 규칙적인 반복이나 점진적인 변화에 의해 의도적인 연계성을 느끼게 한다. 즉 선과 면, 문양, 색상 등 필요한 요소들을 일정한 간격을 두고 구별되게 또는 체계적으로 배치했을 때 생기는 진행의 힘과 시선을 끄는 힘을 통해 자연스럽고도 아름다운 움직임을 느끼게 하는 시각적인 율동이며 변화를 통한 미적 움직임이라 할 수 있다.

8) 반복repetition

반복은 장식 · 디테일 · 문양 등을 같은 양, 같은 간격으로 배열하여 2번 이상 사용하는 방법이다. 일정하게 되풀이하여 운동감을 느끼게 하는 가장 단순하고 기본적인 리듬이라 할 수 있다. 단순한 반복은 시선을 모으는 효과가 있으나 변화가 적어 단조롭고 식상할 수 있다.

9) 그러데이션gradation

그러데이션은 기본적인 일련의 질서를 가진 자연적 순서의 계열로 크기와 단계를 늘리거나 줄임으로써 보다 복잡한 형태로 나타나는 반복의 유형이다. 원근 효과와 평면에서 입체적 효과를 유발하는 시각적 특징이 있으며, 색상과 크기에 변화를 줌으로써 관심을 유도하거나 신체의 특징을 보완하는 방식에 적용한다. 메이크업에서는 아이섀도 기법의 기본이 되며, 의상에서는 입체적이고 화려한 이미지를 표현할 수 있다.

10) 강조 emphasis

강조는 관심과 흥미를 유발하기 위해 특정 요소를 다른 것에 비해 더 두드러지고 돋보이게 하여 그것에 중심을 두는 방법이다. 그 중심을 기준으로 나머지 부분들은 강조를 위한 보완 및 보충의 종속적 역할을 한다. 효과적인 강조법으로 서로 다른 요소를 대립시키는 대비강조, 한곳으로 모든 것을 모이게 하는 집중강조, 각 요소를 지배와 종속의 관계로 연결하여 한 부분이 다른 부분보다 드러나게 하는 우세강조가 있다.

의복 디자인에서는 강조를 위해 소재 · 색상 · 장식 중 한 가지 주제를 선택하는 것이 좋은데 이는 3가지를 모두 활용할 경우 오히려 혼란스럽기 때문이다. 흥미를 끄는 강조점은 2개 이상을 넘지 않는 것이 바람직하며, 메이크업에서는 눈과 입술 중 선택적으로 강조하는 포인트 메이크업 등에 응용한다.

3. 뷰티 스타일리스트의 활동 분야

1) 패션쇼 등 이벤트 분야

일반적으로 좋은 디자인의 물건을 보면 흥미와 함께 선택하고 싶은 충동을 느낀다. 그러므로 패션 관련 종사자는 이러한 소비자의 욕구를 파악하여 좀 더 적극적이고 효율적인 방법으로 자사의 상품을 보급해야 하며,

이를 위해 패션쇼 등의 이벤트를 실시하게 된다. 패션쇼는 고객이나 대중 혹은 보다 효과적으로 홍보해 줄 수 있는 매스컴 관계자들에게 신제품을 알릴 수 있는 마케팅 수단 중 하나이나 패션 영역에서 창출된 하나의 문화 공연 형태로 그 존재를 인정받고 있다. 패션쇼는 의상, 모델, 메이크업, 헤어스타일, 조명, 음악, 행사장, 관객, 그리고 연출 등이 조화를 이루어야 하며 이러한 구성 요소들이 하나로 어우러질 때 성공적인 공연이 완성된다.

(1) 패션쇼의 이해

디자이너에게 패션쇼는 자신의 작품 세계를 발표하는 공연과 같다. 따라서 가장 중요한 것은 디자이너의 작품 콘셉트가 담긴 의상이다. 다른 요소들은 의상을 위해 존재한다고 할 수 있으며, 의상을 보다 효과적으로 보여 주기 위해 연출가와 제작진은 구성 요소들을 적절히 이용해야 한다.

패션쇼는 시기, 성격, 장소, 목적, 대상 등에 따라 형태가 달라지며 보편적으로 계절적 분류인 S/S 컬렉션과 F/W 컬렉션으로 나뉜다. S/S 컬렉션은 봄과 여름 패션쇼로 2월 하순에서 3월 초순 사이에 개최하며, 신상품 출시 전에 패션 관계자에게 미리 선을 보인다. F/W 컬렉션은 가을과 겨울 패션쇼로 8월 하순에서 10~11월에 열린다.

성격별로 보면 크게 디자이너쇼와 내셔널 브랜드쇼가 있으며, 디자이너쇼는 다시 국내 디자이너쇼와 해외 디자이너쇼로 나뉜다. 내셔널 브랜드쇼는 주로 신상품을 소개할 수 있는 S/S나 F/W의 형식을 취한다. 호텔 패션쇼, 체육관 패션쇼, 매장 패션쇼, 백화점 패션쇼 등 장소에 따라 차별화하기도 한다.

개최 목적에 따라서는 비즈니스쇼, 프레스쇼, 판촉 관련 패션쇼, 디자이너 연합 패션쇼 등으로 분류된다. 프레스쇼는 홍보를 목적으로 기자와

매체 관련자들을 초청하며, 판촉 관련 패션쇼는 출시될 의상의 매출 상승을 위해 또는 잘 팔리는 제품의 매출 실적을 유지하기 위해 개최된다. SFAASeoul fashion artists association(서울패션아티스트협의회), KFDAKorea fashion designers association(대한패션디자이너협회), NWSNew Wave in Seoul(뉴 웨이브 인 서울), 그리고 세계패션그룹fashion group international : FGI 한국협회, 중앙디자인그룹, 한국패션협회Korea fashion association : KFA 등과 같은 디자이너 연합 패션쇼는 국내 디자이너 연합 단체들의 패션쇼로 자신들만의 색깔을 보호하고 성장시키는 역할을 한다.

그 밖에 의상의 종류에 따라 남성복 및 여성복 패션쇼, 정장 패션쇼, 캐주얼웨어 패션쇼, 한복 패션쇼, 드레스 패션쇼, 속옷 패션쇼, 운동복 패션쇼, 아동복 패션쇼 등으로 나뉜다.

패션쇼의 연출팀은 전체 책임자인 총연출자, 총연출자의 보조인 조연출자, 진행 상황을 점검 및 관장하고 무대 뒤를 통제하는 무대감독, 음향 총책임자인 음악감독, 메이크업과 헤어스타일 분야를 담당하는 아티스트, 스타일리스트 등으로 구성된다.

(2) 뷰티 스타일리스트의 역할

패션쇼 분야의 뷰티 스타일리스트는 쇼에서 가장 중요한 의상을 최상의 상태로 보여 주기 위해 필요한 요소들을 효과적으로 활용해야 한다. 의상을 분류하거나 통합하고 무대를 구성하며 무대별 의상에 대한 소품, 액세서리, 헤어스타일, 메이크업까지 조합하여 스타일을 마무리하는 일을 책임진다. 즉 패션쇼에 등장하는 모든 아이템의 최종 마무리가 뷰티 스타일리스트의 손에 달렸다고 할 수 있다. 이들은 전문 연출 프로덕션에 소속되거나 프리랜서로 활동하는 경우가 많은데, 주체 측의 의뢰에 따라 제품의 기획 단계부터 함께 작업에 참여하기도 한다.

계절이나 테마에 맞게 의상을 선택하고 연출하는 것 또한 성공적인 패션쇼를 완성하기 위한 뷰티 스타일리스트의 역할이며 무대와 조명, 무대 위의 소품, 음악까지 통솔하면서 필요하다면 의상에 어울리는 소품도 제작할 수 있어야 한다.

패션쇼 분야의 뷰티 스타일리스트는 디자이너 브랜드의 컬렉션, 일반 패션 브랜드의 시즌 패션쇼, 백화점과 같은 유통센터 패션쇼 등의 스타일리스트로 분류된다. 일반적으로 패션쇼를 주관하는 이벤트 기획사에 소속되어 활동하기도 하지만 한곳의 일만으로는 충분하지 않기 때문에 프리랜서로 일하는 경우가 대부분이며, 패션쇼의 기획부터 마무리까지 모든 과정에 참여한다. 의상의 선택부터 모델별 무대의 콘티 구성과 적절한 소품 활용, 메이크업 및 헤어스타일의 연출 포인트까지 패션쇼 전체의 콘셉트를 설정하고 아이덴티티identity(일률적 구성)를 확보하기 위해 전체 업무를 관장하기도 한다.

과거에는 분야별로 현장 일을 하던 뷰티 스타일리스트가 상황에 따라 패션쇼 업무에 동참하는 경우가 많았으나 현재는 패션쇼 분야에서도 전문적으로 활동하는 이들이 늘어나고 있다. 이는 패션 산업이 발전함에 따라 전문성을 갖춘 인력을 필요로 하기 때문이며, 이에 따라 해당 전문가의 수요도 계속 증가할 것으로 전망된다.

2) 방송 · 영화 등 연예계 분야

방송은 1990년대 대중문화에 많은 영향을 미쳤으며 그 영향이 패션, 라이프스타일, 소비 유형 등 사회 전반에 걸쳐 확산되었다. 특히 감각적이고 개방적인 개성 세대가 급부상하였다. 개성 세대이자 실용 세대인 20대의 '뉴영'과 10대 후반의 '뉴키즈' 집단은 사랑, 행복, 아름다움, 안락함, 꿈 등의 감성을 방송을 통해 받아들이므로 그 영향력이 더욱 크다.

탤런트, 가수, 아나운서, 혹은 정치인에 이르기까지 모든 텔레비전 방송의 출연자들은 사용하는 언어나 몸짓, 패션 등에서 유행을 선도하는 힘이 있으며 많은 사람이 이를 추종하기도 한다. 연예인들은 방송을 통한 자신의 이미지가 인기와 직결된다는 인식 때문에 스타일 연출에 매우 민감하다. 따라서 전문 스타일리스트의 역할이 무엇보다 중요한 비중을 차지하게 되어 이 분야에서 활동하는 사례도 계속 늘어나고 있다.

(1) 탤런트 분야

뷰티 스타일리스트 중에 수적으로 가장 높은 비율을 차지하는 탤런트 분야의 인력은 한 사람이 적게는 한 명, 많게는 4명 이상의 연예인을 담당하기도 한다. 능력에 따라 다른 분야의 일을 동시에 수행하는 경우도 있다. 탤런트 분야의 뷰티 스타일리스트는 가수 분야와는 다르게 의상을 직접 제작하는 일은 드물며 대부분 패션 브랜드나 홍보 대행사를 통해 의상 협찬을 받는다.

탤런트 뷰티 스타일리스트는 담당한 연예인과 같은 대본을 받는다. 대본은 탤런트 뷰티 스타일리스트의 생명이라 할 만큼 중요한 자료로 그 안에서 모든 업무가 정해진다. '대본 나누기' 로 표현하기도 하는 연결 신scene 구성은 드라마에서 가장 중요하다. 신입 스타일리스트는 이 구성이 매끄럽지 못해 문제를 겪는 사례가 많으므로 철저한 사전 준비와 교육이 필요하다.

먼저 담당한 탤런트의 캐릭터를 파악하여 전체 콘셉트를 설정하며, 경우에 따라 캐릭터에 맞는 이미지 맵을 사전에 제작하여 필요한 항목을 작성하는 것도 좋다. 각 촬영분의 대본을 나누고 연결 신의 의상을 미리 준비하여 작성한 항목의 의상과 기타 소품을 협찬 받기도 하며, 필요한 경우 직접 구입하기도 한다.

어느 정도 이름이 알려진 연예인은 지정 미용실과 협찬 미용실이 정해진다. 본인이 원하는 곳으로 정하기도 하고 담당 스타일리스트가 추천하기도 한다. 녹화 일정이 생기면 미리 예약을 하고 그날 해당 프로그램에 맞는 메이크업과 헤어스타일을 연출하여 촬영장으로 향하며, 촬영장에서는 간단한 수정 메이크업만 한다.

탤런트 뷰티 스타일리스트는 담당 연예인과의 친밀감을 통해 상대방의 특징을 정확히 파악하여 보다 나은 인상을 부각시켜야 한다. 이러한 일련의 작업들이 탤런트 뷰티 스타일리스트만의 고유 영역이라 할 수 있다.

(2) 가수 분야

가수에게는 의상, 메이크업, 헤어스타일이 매우 중요한 포인트로서 이를 창조하는 것이 가수 뷰티 스타일리스트의 일이다. 넓고 화려한 무대는 가수들만의 특권이며 그 위에서 독특한 의상으로 관객을 사로잡아야만 하기에 부담이 큰 분야라고 할 수 있다. 창조적인 신선한 아이템만이 그 가수를 신비로움의 대상으로 승화시킬 수 있으며, 이를 위해 독특한 패션 정보를 찾아 장소와 시간에 관계없이 열의를 보이는 것도 가수 분야의 뷰티 스타일리스트이다.

이들은 가수가 활동하는 시기(6개월 내외)에만 일을 하므로 조금은 여유로울 수도 있으나 그 활동 시기에는 오히려 어떤 분야보다도 더 분주하다. 앨범 표지 촬영, 뮤직비디오 촬영, 전국 순회 콘서트, 해외 공연 등 하루가 모자랄 만큼 빠듯한 일정에 따라 움직이기 때문에 한 명만 담당하기에도 벅찰 정도이다. 그래서 대부분 가수 한 팀에 의상 제작팀과 스케줄별 이동팀을 구분하여 구성한다.

솔로 가수와 팀 구성의 가수는 기본적으로도 물론 차이가 있으나 경우에 따라 백댄서back dancer의 의상까지 책임져야 하는 등 부수적인 업무량

또한 적지 않다. 이러한 작업들은 의상 제작을 위한 원단 선정 및 스타일화 구성과 기본 패턴 및 방법 등의 과정까지 어느 정도 습득해야 능숙하게 수행할 수 있다.

가수 분야의 뷰티 스타일리스트는 독립적으로 팀을 이루어 활동하는 것이 보편적이나 근래에는 대형 기획사들이 전속 스타일리스트를 모집하여 운영하는 사례도 늘고 있어 향후 능력에 따른 개인별 취업 선택의 폭도 넓어질 것으로 예상된다.

(3) 방송 프로그램 분야

방송 프로그램의 뷰티 스타일리스트는 드라마, 오락 등 지정된 프로그램을 맡아 그에 어울리는 의상, 메이크업, 헤어스타일을 매치시켜 전체적인 분위기를 만든다. 시트콤이나 인기 있는 드라마의 경우 스타 마케팅 star marketing이 활발해지면서 출연자들이 특정 브랜드의 옷을 입는 조건으로 해당 업체와 계약을 하기도 하는데, 이에 따라 스타일리스트는 특정 업체의 의상을 선택하여 협찬을 받거나 프로그램이 끝날 때까지 모든 관련 물품을 제공 받는 등의 적극적인 방법을 동원하기도 한다. 이러한 경우 방송 프로그램 뷰티 스타일리스트는 출연자별 개인 스타일리스트와 긴밀한 협조 관계를 유지하면서 프로그램의 전체적인 분위기에 맞는 이미지를 연출해야 한다.

타 분야에 비해 수입이 높은 편은 아니지만 고정적으로 안정된다는 면에서 경력을 기반 삼아 독립적으로 활동할 수 있는 분야이다.

(4) 광고 분야

기업의 마케팅 활동 중 광고가 차지하는 비중이 확대되면서 그에 대한 관심도 높아지고 있다. 경제가 발전함에 따라 매일 비슷한 제품이 쏟아져 나오기 때문에 경쟁은 더욱 치열해지고 광고의 필요성도 높아지는 것이다. 소비자는 이러한 광고를 통해 상표를 인지하고, 좋거나 나쁜 감정을 갖게 되며, 그 결과에 따라 구매 여부를 결정한다. 따라서 광고는 상표의 인지도와 선호도를 높이고 직접적인 반응을 이끌어 내는 데 초점을 두어야 한다.

광고 매체는 여러 가지가 있지만 일반적으로 포스터와 텔레비전의 상업광고commercial를 말한다. 텔레비전 광고는 언어적 요소인 콘티, 시각적 요소인 영상, 청각적 요소인 음악, 그리고 모델을 구성 요소로 하여 제작된다. 스틸 사진인 포스터는 물론이고 텔레비전 또한 움직이는 매체이기 때문에 이 가운데 시각적 요소가 가장 중요하며, 이것이 영상과 모델이 강조되는 이유이다.

광고 영상물에 이목을 집중시키기 위해 광고 분야의 뷰티 스타일리스트는 모델을 통해 특정 이미지를 창출하고 수요자 내면의 흥미와 욕구를 자극하여 상품의 인지도와 광고에 대한 기여도를 높이고 구매 행동을 촉진하는 역할을 한다. 광고 기획자는 초안을 잡고 적합한 이미지의 모델을 선정하는데, 모델에 관한 내용은 잡지와 달리 뷰티 스타일리스트에게 전권을 맡긴다고 할 수는 없어도 그 의견이 충분히 존중되는 편이다.

모델 촬영 현장에서는 광고 제작의 일원으로 관여하게 되며 모델의 의상, 메이크업, 헤어스타일, 액세서리 등을 이용하여 광고의 목표 이미지에 맞는 스타일을 연출하는 것이 광고 분야 뷰티 스타일리스트의 주요 업무이다. 뷰티 스타일리스트는 원칙적으로 디자이너가 아니기에 알맞은 디자이너를 선정하여 상품 제작을 의뢰하는데, 이때 디자이너의 작업이 의도한 방향을 잃지 않도록 컨트롤하는 것도 광고 뷰티 스타일리스트의 중요한 역할 중 하나이다. 다시 말해서 광고 뷰티 스타일리스트는 대표적 광고 매체인 포스터나 텔레비전의 상업광고 제작에 참여하는 전문가로,

현장의 아트 디렉터와 카메라맨 사이에서 촬영이 순조롭게 진행되도록 관련 업무를 담당한다.

광고 기획사 혹은 CFcommercial film 프로덕션에 소속되거나 프리랜서로 제작 과정에 참여하는 이들은 아트 디렉터와 함께 스폰서 미팅에 참석하여 광고 콘셉트에 관해 협의하고, 디렉터의 의도에 따라 모델 선정, 의상 · 메이크업 준비 및 연출을 수행하며, 촬영에 필요한 도구 등을 준비한다.

3) 무대공연 및 영화 분야

무대공연이나 영화에서 의상, 소품, 분장은 등장인물의 성격을 관객에게 전달하는 중요한 역할을 한다. 이에 따라 큰 무대나 작품에서는 의상을 담당하는 디자이너와 메이크업, 헤어스타일, 소품 등을 의상과 종합해 스타일을 완성하는 뷰티 스타일리스트의 영역이 전문화되고 있다.

(1) 무대공연 분야

시, 소설, 희곡 등 문학작품을 쓰는 작가들도 복식과 헤어스타일 등을 묘사함으로써 인물의 감정, 인성, 사회성과 같은 심리적 본질과 사회적 배경 및 분위기를 전달한다. 무대예술, 특히 연극에서의 성공적인 인물 묘사는 복식과 분장에 의해 좌우된다. 특별한 의상이나 특정 부위의 장식품은 인물의 특징이나 상황을 더욱 효과적으로 나타낸다. 구체적인 역할에 따라 의상을 선택하고 역할이 변하면 다른 것으로 교체하여 배우의 캐릭터에도 변화를 준다.

무대의상은 시각적인 요소를 바탕으로 배우의 역할을 해석하도록 관객이 강요받는다는 점에서 그 역할이 더 두드러진다. 배우의 의상과 외모는 막이 오름과 동시에 관객으로 하여금 첫인상을 결정짓게 하며, 연출 의도와 작품의 내용을 이해하는 데 도움을 준다.

무대의상으로는 의복, 귀걸이 · 반지 · 목걸이와 같은 액세서리, 신발 · 모자 · 핸드백 · 장갑 · 부채와 같은 장식적 소품, 코르셋 · 크리놀린 · 패딩 형태의 속옷 등을 응용하여 디자인함으로써 캐릭터의 특징을 극대화할 수 있다. 이를 통해 시각적으로 완전한 모습의 배우를 창조함으로써 관객이 인물의 특성을 파악할 수 있어야 한다. 이런 점에서 무대의상은 토털 코디네이션의 성격을 띤다. 종전에는 디자이너가 처음부터 끝까지 무대의상을 책임졌으나 토털 코디네이션의 성격이 강조되면서 규모가 큰 공연에서는 의상 부분만을 담당하는 디자이너와 그 밖의 요소들을 의상과 종합하여 이미지를 완성하는 코디네이터 혹은 뷰티 스타일리스트로 그 역할이 구분되고 전문화되는 추세이다. 효과적인 연출이라는 공동의 목표를 위해서는 이 두 업무 간의 충분한 협의가 필요하다.

무대공연 분야의 뷰티 스타일리스트는 먼저 각 인물이 장면마다 갈아입을 무대의상의 스타일 계획표(목록표)를 만들고 목록별로 매치할 액세서리와 소품을 디자인하거나 제작한다. 가발 · 수염 등의 분장과 메이크업 및 헤어스타일에 대한 아이디어를 제공하기도 한다. 이들의 직무는 대본 분석에서 시작하여 액세서리와 소품을 스케치하고 준비된 의상과 조합하여 리허설을 거친 후 첫 공연이 끝나는 시점에서 공식적으로 완료된다.

(2) 영화 분야

과거와는 달리 국내 영화의 인기가 외화에 뒤지지 않을 만큼 상승세를 달리고 있다. 그 여세를 몰아 각 영화사들이 앞다투어 영화 제작에 열을 올리고 있으나 아직까지는 이 분야의 스타일리스트가 부족하여 어려움이 많은 실정이다. 그런 만큼 가장 전망이 밝은 분야라고도 할 수 있다.

영화 분야의 스타일리스트는 영화 한 편당 최소 한 팀 이상으로 구성된다. 한 영화마다 책정된 예산이 있기 때문에 메인 뷰티 스타일리스트는 총 제작 기간에 따라 이를 조정해야 한다. 영화는 방영 시간은 비슷하지만 제작 기간은 규모에 따라 적게는 수개월에서 많게는 몇 년씩 차이가 나기도 한다. 해외나 지방의 현지촬영location 시에도 몇 개월씩 촬영지에서 함께 지내야 하므로 힘든 업무가 많다.

영화 뷰티 스타일리스트는 영화의 전체적인 흐름을 파악한 후 뷰티 스타일리스트가 따로 없는 배우나 단역까지 모든 출연자의 스타일을 신경 써야 하기에 넓고 정확한 시야가 필수이며, 바쁜 일정 속에서도 제작진 및 출연진 모두와 한 몸이 되어 움직여야 한다.

영화 속 의상들은 스타 마케팅이라 하여 패션 업체에서 지원하기도 하지만 그보다는 스타일리스트가 직접 제작하거나 구입하는 경우가 많다. 영화의 특성에 맞는 의상들이 연출되어야 하므로 스타일리스트가 사전에 해당 배우의 몸에 맞게 직접 제작하거나 따로 구입하며, 이러한 작업만으로도 팀 전체가 투입되기 때문에 메이크업이나 헤어 아티스트를 별도로 두기도 한다.

4) 패션 잡지 등 출판 분야

패션 잡지는 전체 주제(테마theme)나 콘셉트가 정해지면 담당 편집자가 배정되고, 그가 적합한 뷰티 스타일리스트에게 업무를 의뢰하여 제작이 진행된다. 잡지의 성격에 따라 다소 차이는 있으나 대부분 비슷한 과정을 거치는데, 약 2개월의 제작 기간을 두고 먼저 전체 회의를 열어 주제와 그에 따른 지면 구성을 결정한다.

업무를 의뢰 받은 뷰티 스타일리스트는 트렌드 발표회, 전시회 등을 통해 파악한 패션 정보를 기본으로 주제와 지면 구성에 맞는 이미지를 구상하고 다양한 업체의 패션 아이템들을 조합하여 코디네이션을 기획한다. 다음으로 주제에 맞는 훌륭한 스타일을 만들기 위해 효과적인 연출이 가능한 모델을 선정한다.

작업 시에는 의상과 함께 주제를 최대한 부각시킬 수 있는 메이크업과 헤어스타일을 디자인하여 항상 콘셉트에서 벗어나지 않도록 조정한다. 필요한 소도구나 소품을 제작하는 경우도 있으며, 야외에서 촬영할 경우 장소 물색location hunting도 중요한 일이 된다.

주요 의상과 액세서리 등의 부속품을 통일감 있게 종합하고, 모델과 의상의 조화를 이루며, 제작진과의 완벽한 팀워크를 구축하여 목적에 맞는 지면을 완성하는 것이 잡지 등 출판 분야 스타일리스트의 역할이라 할 수 있겠다.

5) 기타 분야

뷰티 스타일리스트는 이 밖에 백화점, 도매상, 대형 전문점 등에서도 판매 촉진을 위해 패션 정보를 수집하고 디스플레이를 담당한다.

(1) 패션 상품 기획 및 유통 분야

패션 상품 기획은 5R, 즉 right product(적절한 패션 제품), right place(적절한 장소), right time(적절한 시간), right quantity(적절한 양), right price(적절한 가격)을 제공하기 위한 것으로 패션 머천다이징이라고도 한다.

뷰티 스타일리스트는 이러한 상품 기획 부분에서 디자이너가 만든 오리지널 디자인이나 외국 기업이 제공한 디자인을 조정한다. 직접 디자인하지는 않지만 중요한 협력자로서 담당하는 브랜드와 관련된 물품의 가격을 파악하고 디자이너와 견본(샘플)을 코디네이션하여 상품 가치가 있는 스타일을 만들어 내는 것이다. 국내외의 패션지 등 관련 잡지나 신문,

패션 정보의 리포트, 해외 주재원의 리포트, 동종 업체와 소매점의 정보, 자사 매출 실태, 경제 동향, 사회 풍속, 기상 정보 등을 수집하고 분석하는 일도 이들의 업무에 포함된다.

이 분야에서 뷰티 스타일리스트가 하는 일은 장기적인 안목으로 기업의 미래를 내다보는 조정 작업이다. 그러나 우리나라의 경우 의류 제조 업체나 소매 업체에서 상품 기획 분야에 뷰티 스타일리스트를 채용하는 사례는 아직 드물다. 대부분 브랜드 매니저, 수석 머천다이저, 디자인실장이 관련 업무를 담당하며 뷰티 스타일리스트가 있는 경우 판매원을 위한 프레젠테이션, 완성된 상품의 연출과 홍보 등으로 역할이 제한되어 있는 실정이다.

그러나 이제 고도의 분업화와 전문화를 이룬 패션 업체 내에서 전문적인 능력을 갖춘 스타일리스트의 역할은 점차 확대될 것으로 보인다. 브랜드뿐만 아니라 백화점, 도매상, 대형 전문점 등에서도 뷰티 스타일리스트가 활약하고 있다. 이들도 역시 패션 정보를 수집·분석하고, 판매원에게 시즌마다 자사의 기본 패션 방침을 철저히 주지시키며, 경우에 따라 디스플레이를 겸하기도 한다. 소매점의 경우에는 구매buying도 중요한 역할 중 하나이다. 뷰티 스타일리스트는 스타일링에 관한 전문 지식을 살려 판매 촉진의 일익을 담당하고, 상품 어드바이스와 판매 기법의 향상을 책임지며, 단품을 유기적으로 조합하여 개성 있는 패션을 연출하는 중요한 인력이라 할 수 있다.

(2) 백화점 홍보 분야

백화점의 판촉 행사를 기획하는 단계에서 홍보물을 만들 때 트렌드성이 강하고 흥미로운 것들을 효과적으로 전달하기를 원할 경우, 뷰티 스타일리스트는 이벤트나 홍보성 행위를 통해 소비자가 부담 없이 수용할 수 있는 이미지 연출을 구상한다.

(3) 퍼스널 이미지 분야

퍼스널 이미지personal image 뷰티 스타일리스트는 최근 몇 년 동안 가장 많이 알려진 분야로 개인의 이미지 관리가 주요 업무이며, 연예인 코디네이터도 이것의 하나로 볼 수 있다. 이들은 연예인을 비롯해 또 다른 스타군단으로 떠오르고 있는 운동선수, 정치인 등 사회적으로 노출이 많은 인사, 일반 개인의 이미지 메이킹image making을 담당한다. 현시대에는 일반인도 이미지 메이킹이 필요한 경우가 많으므로 에이전트agent를 통해 단발성으로 퍼스널 이미지 뷰티 스타일리스트의 도움을 받아 원하는 이미지를 연출하기도 한다.

(4) 연예 기획사 분야

연예인이 소속된 기획사에 속해 있는 뷰티 스타일리스트로 특정 연예인의 스타일링을 담당하며, 회사의 여러 활동에 대한 일반 업무까지 맡기도 한다. 특히 신인 가수의 경우에는 홍보용 CD 제작, 무대 출연에 따른 의상 협찬에서 디자인까지 책임진다. 보통 소속 연예인 몇 명의 의상을 담당하게 된다.

(5) 숍마스터shop master 분야

판매 일선의 가장 적극적이면서도 단편적인 뷰티 스타일리스트의 일로 의류 매장, 백화점, 화장품(코스메틱cosmetic) 전문 브랜드에서 개인에게 적합한 의상, 메이크업, 헤어스타일을 전반적으로 추천하고 이미지를 창출하여 상품을 구매하도록 유도한다. 소비자에게 최신 트렌드를 알려 주고 전문가다운 의견을 제공하면 그만큼 설득력이 있어 판매로 이어지기가 쉽고 긍정적인 브랜드의 이미지도 함께 형성되기 때문에 뷰티 스타일리스트의 역할이 점차 중요해지고 있다.

CHAPTER 2

이미지별 색의 이해

CHAPTER 02

이미지별 색의 이해

1. 색의 시각적 효과

색은 빛을 통해 인지되는 시각 현상으로 색이 없는 사물은 없다. 색은 그 시각적 효과로 인해 생활과 문화, 산업과 상업, 디자인과 시각예술의 중요한 요소가 되며 생활양식, 작품의 특징, 문화의 특징 등을 나타내는 특정 색채를 지칭하기도 한다. 색은 보는 사람의 감성에 직접적으로 어떤 이미지를 떠올리며, 전체적인 인상을 좌우하는 힘이 있다. 아이디어 생산의 바탕이 되고 디자인의 폭을 넓혀 주기도 한다.

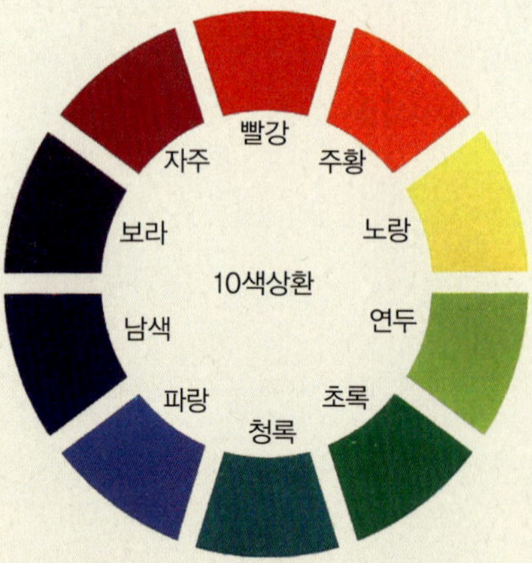

| 그림 2-1 | 10색상환

색은 형태나 문자에 비해 사람의 심리에 대한 호소력이 크고 구체적인 내용을 전달하지는 않지만 연상할 수 있게 만든다. 이러한 작용은 코퍼레이트 컬러corporate color나 브랜드 아이덴

티티brand identity : BI, 상품 등에서 이미지를 상징적으로 암시하는 목적으로 사용되고 있다.

1) 색의 대비

주위에 있는 다른 색의 영향으로 본래의 색과는 다르게 보이는 현상을 말한다. 순간적으로 일어나며 시간이 경과함에 따라 그 정도가 약해지는데 이를 색채 심리에 의한 대비 현상이라고 한다.

(1) 동시대비simultaneous contrast

가까이 인접한 두 색을 동시에 볼 때 일어나는 현상으로 서로에게 영향을 미쳐 색이 다르게 보인다. 동시대비의 효과는 접촉된 부분에서 가장 강하게 느껴지며 색과 색 사이의 거리가 멀어질수록 약해진다. 자극을 주는 색의 크기가 작을수록 그 효과가 커진다.

| 그림 2-2 | 동시대비

(2) 색상대비color contrast

서로 다른 두 색에 둘러싸여 있을 때 각각 다르게 느껴지는 현상이다. 색상대비는 1차색끼리 잘 일어나며 2차색과 3차색이 될수록 효과가 약해진다. 보라색의 경우 빨간색 안에서는 빨간색의 청록색 잔상 때문에 푸른 보랏빛으로 보이며, 파란색 안에서는 반대로 붉은빛을 띤 보라색으로 보인다.

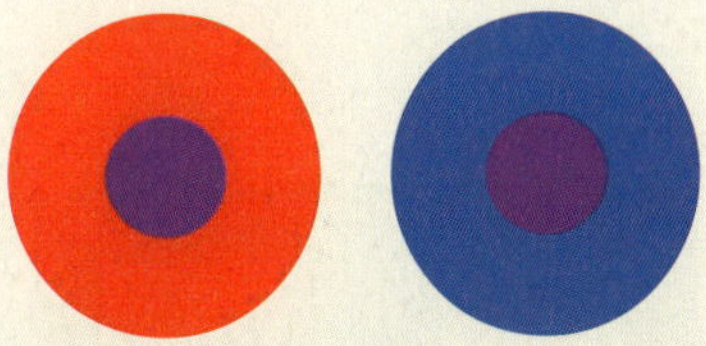

| 그림 2-3 | 색상대비

(3) 명도대비luminosity contrast

| 그림 2-4 | 명도대비

명도가 다른 두 색이 대조되어 명도가 높은 색은 더 밝게, 낮은 색은 더 어둡게 보이는 현상이다. 명도대비는 명도의 차이가 클수록 뚜렷하며, 유채색보다 무채색에서 강하게 나타난다. 배경색의 명도가 낮으면 본래의 명도보다 높아 보이고 배경색의 명도가 높으면 본래의 명도보다 낮아 보인다. 즉 검은색 위의 회색이 흰색 위의 회색보다 밝아 보인다.

(4) 채도대비chromatic contrast

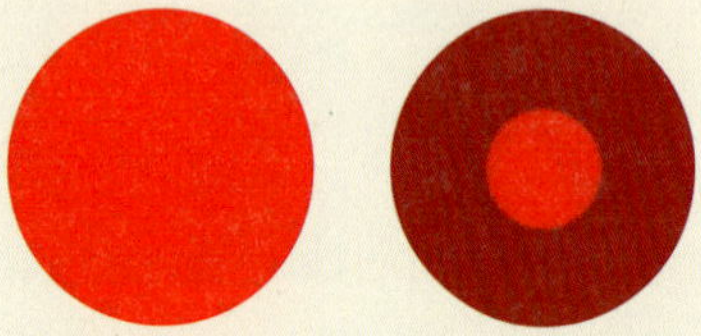

| 그림 2-5 | 채도대비

채도가 다른 두 색이 서로 영향을 미쳐 채도가 높은 색은 더 높게, 낮은 색은 더 낮게 보이는 현상으로 채도의 차이가 클수록 뚜렷해진다. 같은 빨간색이라도 고채도의 빨강 위에 놓았을 때는 탁해 보이고 저채도의 빨강 위에 놓았을 때는 선명해 보인다. 채도대비는 무채색과 유채색의 대비에서 가장 확실하게 나타나며 무채색끼리는 나타나지 않는다.

(5) 보색대비complementary contrast

| 그림 2-6 | 보색대비

보색 관계의 두 색을 인접해 놓았을 때 서로의 영향으로 본래의 색보다 채도가 높아져 더욱 뚜렷하게 보이는 현상을 말한다. 보색대비는 각각의 잔상이 반대편 색과 같아지기 위해 서로의 채도를 높이면서 색이 강조되는 것으로, 색의 대비 중 가장 강한 현상이다.

(6) 연변대비edge contrast

두 색이 인접해 있을 때 가까이 있는 경계에서 떨어져 있는 부분보다 더 강한 색의 대비가 일어나는 현상이다. 같은 명도의 유채색을 채도 단계별로 연속 배열하거나 무채색을 명도 단계별로 붙여서 배열할 때 잘 나타난다.

| 그림 2-7 | 연변대비

(7) 계시대비successive contrast

연속적으로 2가지 이상의 색을 보았을 때 생기는 현상으로 한 가지 색을 잠시 본 후 시간차를 두고 다른 색을 보았을 때 먼저 본 색의 잔상에 영향을 받게 된다. 흰색 바탕 위에 빨간색 원을 놓고 보다가 이것을 없애면 바탕에 보색의 잔상인 청록색이 나타난다. 동시대비와 상반되며 계속대비 또는 연속대비라고도 한다.

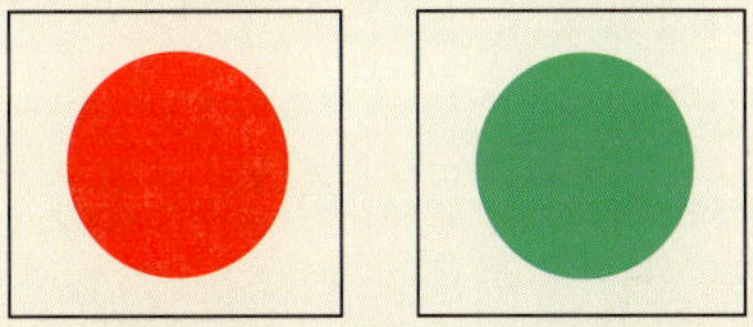

| 그림 2-8 | 계시대비

(8) 한난대비contrast of warm and cool

차가운 색과 따뜻한 색이 대비되었을 때 한색은 더 차갑게, 난색은 더 따뜻하게 느껴지는 현상이다. 보라색과 초록색 같은 중성색은 한색과 대비되었을 때 차갑게 느껴지고 난색과 대비되었을 때는 따뜻하게 느껴진다.

| 그림 2-9 | 한난대비

(9) 면적대비area contrast

| 그림 2-10 | 면적대비

같은 색이라도 면적의 크기에 따라 채도와 명도가 달라 보이는 현상이다. 색의 양적 대비라고도 하는데, 면적이 크면 명도와 채도가 실제보다 더 밝게 보이고, 면적이 작으면 명도와 채도가 어둡고 탁하게 보인다. 면적대비의 특성은 어떤 대비 효과라도 변화와 강약 조절이 가능하다는 것이다.

2) 색과 감정

(1) 색의 온도감

색은 빛에 의한 온도와 밀접한 관계가 있다. 난색warm color은 따뜻한 색으로 빨간색 · 주황색 · 노란색 등의 장파장 영역을, 한색cool color은 차가운 색으로 청록색 · 파란색 등의 단파장 영역을 가리킨다. 연두색과 같이 따뜻하지도 차갑지도 않은 색은 중성색이라 한다.

난색은 노랑이 섞인 색으로 역동적이고 편안함과 여유로움을 주며 팽

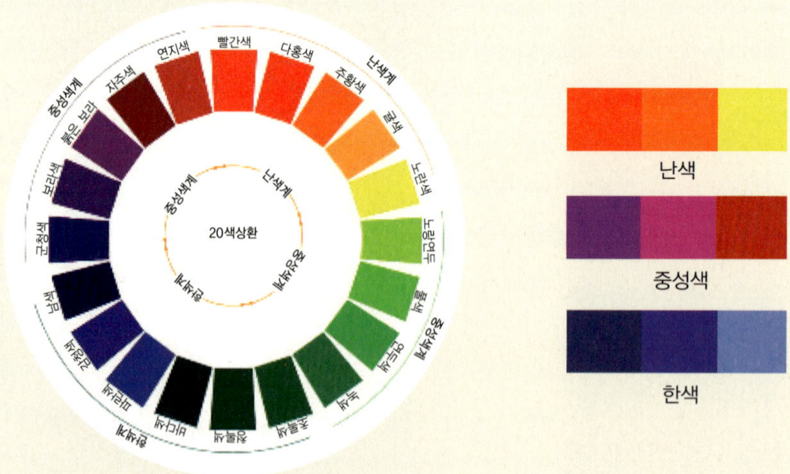

| 그림 2-11 | 난색과 한색

창과 진출의 느낌이 든다. 한색은 하양, 파랑, 검정 등이 섞인 색으로 차분하고 정적이며 심리적 긴장감과 함께 수축과 후퇴의 느낌을 준다.

(2) 색의 흥분 및 진정 작용

색에 의한 자극은 눈을 거쳐 신체의 각 부분으로 전달되어 신경을 흥분시키거나 진정시키는 작용을 한다. 한색 계열의 저채도 색은 진정 반응을, 난색 계열의 고채도 색은 흥분 반응을 일으킨다. 밝고 선명한 색은 활발한 운동감을 주며 어두운 색은 차분함을 느끼게 한다.

| 그림 2-12 | 색에 의한 흥분과 진정

(3) 색의 중량감

중량감이란 사물의 무게에서 오는 무거운 느낌으로, 같은 형태와 크기라도 색에 따라 가벼워 보이거나 무거워 보일 수 있는 현상을 말한다. 색의 3속성 중 명도가 중량감에 가장 큰 영향을 미친다. 명도가 높을수록 가벼워 보이고 명도가 낮을수록 무거워 보이는데, 이는 심리적 요인에 의한 것이다.

(4) 색의 강약감

색은 채도에 따라 강약의 느낌이 달라진다. 채도가 높은 색은 강한 느낌을, 채도가 낮은 색은 약한 느낌을 준다.

| 그림 2-13 | 색의 강약감

(5) 색의 경연감

| 그림 2-14 | 색의 경연감

시각적 경험에 의해 색이 딱딱하거나 부드럽게 느껴지는 현상을 말한다. 이는 중량감과 강약감의 복합적 개념으로 저명도 · 고채도의 색은 딱딱한 느낌을, 저채도 · 고명도의 색이나 무채색이 많이 섞인 색은 부드러운 느낌을 준다.

(6) 색의 시간성

같은 시간을 머물러도 주변을 둘러싼 색에 따라 오랜 시간이 지난 것처럼 혹은 짧은 시간이 지난 것처럼 느껴지는 현상으로 이는 색상과 채도의 영향을 받는다. 장파장인 빨간색 계열은 머문 시간이 길고 빠른 속도감이 느껴지며, 단파장인 파란색 계열은 머문 시간은 짧고 느린 속도감이 느껴진다. 휴게실이나 패스트푸드점의 경우 장파장 계열의 색으로 실내를 장식하면 잠깐만 앉아 있어도 오래 머문 것처럼 느껴져 객석 회전율을 높일 수 있으며, 사무 공간이나 대합실은 단파장 계열의 색으로 꾸미면 지루함을 줄일 수 있다.

2. 이미지와 색의 조화

색은 첫인상을 좌우할 만큼 시각적으로 영향력이 크다. 그래서 비주얼 중심의 레이아웃에서는 색과 그 배색이 이미지를 결정짓는 데 중요한 요소가 된다. 인간의 시각 구조는 형태보다 색에 더 민감하여 그에 따른 느낌에 즉각적으로 반응하므로 이미지를 전달할 때는 색의 선별을 가장 우선적으로 고려해야 한다.

1) 로맨틱 이미지와 색의 조화

로맨틱romantic하다는 말은 낭만적이고 몽상적이라는 의미가 있어 꿈을 꾸는 듯한 여성스러운 분위기에 귀엽고 사랑스러우며 소녀 같은 느낌의 이미지를 말한다.

분홍색, 노란색, 오렌지색을 주조색으로 하고 복숭아색, 밝은 분홍색, 보라색, 베이지 계열 등을 유사색으로 배색하여 부드럽고 감미롭게 표현하며, 창백하지 않으면서 은은한 선명함이 좋다. 전체적인 느낌은 가볍고 부드러운 분홍색, 노란색, 자주색, 크림옐로, 흰색 계통의 페일pale 톤을 중심으로 배색하면 효과적이다.

| 그림 2-15 | 로맨틱 이미지의 색

로맨틱 컬러 팔레트color palette와 배색

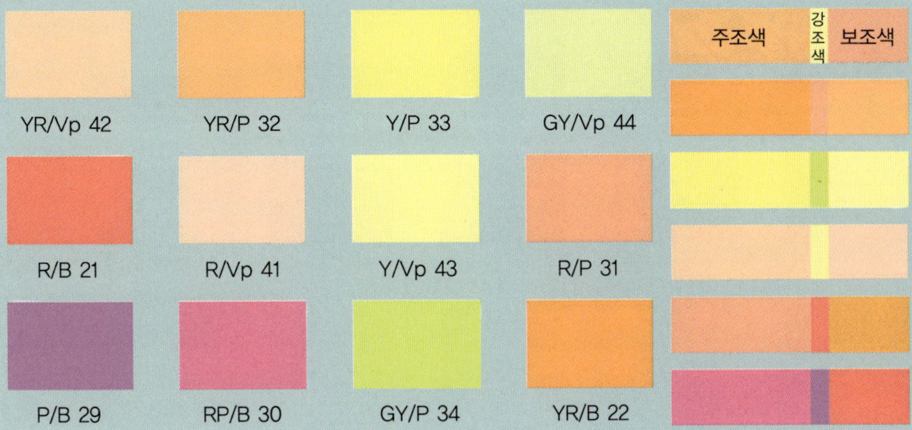

- 분홍색, 자주색, 크림옐로, 복숭아색, 붉은 분홍색, 보라색 계열의 가벼운 색조에 노란색으로 화사함을 배가한다.
- 유사색의 배색으로 부드럽고 감미로운 느낌을 표현한다.
- 부드럽지만 연약해 보이지 않는 은은하고 선명한 이미지이다.

2) 엘레강스 이미지와 색의 조화

| 그림 2-16 | 엘레강스 이미지의 색

엘레강스élégance, elegance는 불어로 우아함, 고상함, 세련미를 뜻한다. 페미닌feminine 스타일의 클래식하고 컨서버 리치conserva rich한 패션 감각으로, 우아한 품위와 여성스러움을 추구하는 이미지이다.

우아하고 깊이 있는 표현을 위해 회색을 띤grayish 색을 주로 사용하며 중명도와 중채도의 부드러운 색조tone를 선택한다. 포도주색, 자주색, 버건디burgundy color(진한 자주색), 갈색 계열로 고급스러운 이미지를 표현하며 강렬한 대비의 원색은 배제한다.

엘레강스 컬러 팔레트와 배색

- 포도주색, 자주색, 버건디, 갈색 계열로 표현한다.
- 지나치게 밝은 색상보다는 중명도와 중채도의 부드러운 색조를 선택한다.
- 부드럽고 온화한 느낌으로 배색한다.

3) 클래식 이미지와 색의 조화

클래식classic은 고전적, 전통적, 표준적이라는 뜻으로 시대를 초월하는 가치와 보편성을 지녀 유행에 따라 변화하지 않는 지속성을 지닌 이미지이다.

원숙미와 성숙미가 돋보이는 가운데 차분하고 깊이 있는 짙은 톤과 어두운 톤의 탁색을 주조색으로 한다. 휴먼 감각과 함께 오랜 세월의 익숙함과 권위 등을 상징하는 갈색 계열을 중심으로 진한 네이비블루, 회색, 와인색, 금색, 초록색 등과 배색한다.

| 그림 2-17 | 클래식 이미지의 색

클래식 컬러 팔레트와 배색

- 전통적인 풍요로운 색상, 오랫동안 사랑 받아 온 따뜻하고 정감 있는 색상으로 표현한다.
- 깊이가 느껴지는 짙은 톤과 어두운 톤으로 표현한다.
- 갈색 계열을 중심으로 베이지, 포도주색, 금색, 초록색 등과 배색한다.

4) 액티브 이미지와 색의 조화

| 그림 2-18 | 액티브 이미지의 색

액티브active는 1960년대 미국을 중심으로 패션이 캐주얼화하면서 새로운 감각으로 자리 잡았으며, 밝고 활달한 감성을 의미한다. 액티브 룩은 운동감을 원천으로 하여 기능성을 중요시한 단순한 디자인에서부터 건강과 레저를 위한 밝고 선명한 색상의 디자인에 이르기까지 활동적인 이미지가 주를 이룬다.

밝고 화사한 라이트light와 비비드vivid, 페일 톤을 사용하며 흰색과 감색(네이비) 등의 진한 색을 기본으로 한다. 밝고 선명한 노란색, 오렌지색, 초록색, 파란색, 빨간색, 마젠타(밝은 자주색)를 이용하여 면적대비, 명도대비, 색상대비를 뚜렷하게 함으로써 활동성, 운동감, 적극성과 세련미를 동시에 표현한다.

액티브 컬러 팔레트와 배색

- 흰색과 감색 등 진한 색을 기본으로 한다.
- 밝고 선명한 노란색, 파란색, 빨간색, 마젠타를 포인트로 배색한다.
- 면적대비, 명도대비, 색상대비를 뚜렷하게 하여 강렬하고 선명하게 표현한다.

5) 에스닉 이미지와 색의 조화

에스닉ethnic은 민간전승, 민속학, 민족적, 인류학적이라는 뜻으로 각국에 전해 오는 민속 의상과 전통 복식에 나타난 고유의 염색, 직물, 패턴, 자수, 액세서리 등에서 영감을 얻어 자연스럽고 소박한 느낌을 강조한 이미지이다.

| 그림 2-19 | 에스닉 이미지의 색

보수적이고 전통적이며 자연에 가까운 배색으로 강하고 짙은 톤의 붉은 오렌지색, 보라색 계열 등을 포인트로 활용한다. 붉은색을 주조색으로 하고 자연을 연상시키는 초록색 계열을 보조색으로 자유롭게 배색한다. 오렌지색과 파란색 등의 보색대비로 화려함을 표현하면서 저채도의 색조로 차분하게 가라앉은 느낌을 표현한다.

에스닉 컬러 팔레트와 배색

- 붉은색을 주조색으로 하여 자연스러운 색상을 활용한다.
- 강한 톤의 빨간색, 오렌지색, 보라색 계열을 포인트로 활용한다.
- 자연을 연상시키는 초록색 계열을 보조색으로 자유롭게 배색한다.

6) 매니시 이미지와 색의 조화

| 그림 2-20 | 매니시 이미지의 색

매니시mannish는 남성풍 또는 남자 같은 여성이라는 뜻으로 서구적 합리주의와 남성적인 행동력으로 표현되며, 그러한 특징과 함께 자립심이 강한 여성이 지니는 이미지이다.

흰색과 검은색을 기본으로 어두운 톤의 파란색과 회색 계열을 주조색으로 하는데, 밝고 깨끗한 분홍색 · 빨간색 · 베이지 계열과 도회적 이미지인 회색 계열을 짙은 톤으로 사용한다. 깔끔하고 품격을 추구하는 배색으로 지나친 형식을 배제하고 간결하면서도 강한 악센트를 주는 방법이 효과적이다.

매니시 컬러 팔레트와 배색

- 흰색과 검은색을 기본으로 하여 어두운 톤의 파란색, 초록색, 회색, 갈색 계열을 주조색으로 표현한다.
- 밝고 깨끗한 분홍색, 베이지, 빨간색 계열을 활용하여 배색한다.
- 대조 효과로 강렬하게 배색한다.

7) 모던 이미지와 색의 조화

모던modern은 현대적, 근대적이라는 뜻으로 실험주의 성향과 같은 색다른 것을 추구하고 새로운 방식을 선도하는 태도이다. 날카롭고 차가운 인상, 도시적이고 시크chic한 이미지, 치밀하고 합리적인 이미지, 미래를 동경하고 지적인 인물을 꿈꾸는 현대적 감각의 이미지라고 할 수 있다.

흰색, 회색, 검은색 등 무채색을 주조색으로 하며 다크 톤과 스트롱 톤의 배색으로 도회적이고 전문적인 이미지를 연출한다.

| 그림 2-21 | 모던 이미지의 색

모던 컬러 팔레트와 배색

- 흰색, 회색, 검은색 등 무채색을 기본으로 사용한다.
- 다크 톤과 스트롱 톤의 파란색, 빨간색, 포도주색을 포인트로 활용한다.
- 강조 배색이나 흰색과 검은색의 분리 배색이 효과적이다.

여기에 빨간색과 감색 계열의 강한 색조와 베이지 계열의 자연스러운 색조를 배색하면 세련된 이미지가 배가된다. 미래지향적이고 도시적인 이미지가 강하며, 흑과 백을 사용하여 분리 배색을 하면 모던한 이미지를 좀 더 잘 연출할 수 있다.

8) 아방가르드 이미지와 색의 조화

| 그림 2-22 | 아방가르드 이미지의 색

아방가르드avant-garde는 전위적이라는 뜻으로 기성 체제를 부정하고 전통을 배제하거나 해체하여 혁신적인 유행을 창조하는 이미지를 말하며, 대중성이 결여된 실험적이고 개성적인 성향이 강하다.

금색, 은색, 흰색, 검은색, 형광색 등 인공적인 느낌의 색으로 강렬하고 현대적 혹은 미래적인 감각을 표현한다. 비비드 톤, 야광색 등의 화려한 색과 흑백 등 무채색을 이용하여 강렬한 강조 배색, 배차를 크게 표현하는 보색 배색, 트리콜로 배색으로 선명함과 화려함을 연출할 수 있다.

아방가르드 컬러 팔레트와 배색

- 선명한 비비드 톤의 빨간색, 마젠타, 자주색, 파란색을 활용한다.
- 흰색, 검은색, 금색 등으로 확실한 악센트를 표현한다.
- 자유로운 색의 조화로 명도와 채도의 대비를 강하게 배색한다.

9) 내추럴 이미지와 색의 조화

내추럴natural은 자연의, 천연의, 가공하지 않은, 보통이라는 뜻으로 편안하고 자연스러운 이미지이다.

흙, 나무, 숲 등의 친근한 자연 색조를 기본으로 여름에서 가을로 넘어가는 중간색을 활용한다. 부드러운 파스텔 톤의 베이지, 아이보리, 옐로그린, 아쿠아그린, 아쿠아블루, 갈색, 카키색 계열 등의 중채도 색

| 그림 2-23 | 내추럴 이미지의 색

을 색상과 색조의 차이가 크지 않게 배색하여 편안하고 소박한 이미지를 연출하거나 색상은 다르되 톤을 일치시키는 톤인톤 배색으로 통일감 가운데 다양한 느낌을 표현하는 것이 효과적이다.

내추럴 컬러 팔레트와 배색

- 자연에서 느껴지는 색조를 활용한다.
- 황색을 기본으로 덜dull 톤의 갈색, 카키색, 초록색 계열을 사용한다.
- 색상 차이가 크지 않은 부드러운 배색으로 편안하고 소박한 이미지를 표현한다.

10) 웨딩 이미지와 색의 조화

신부의 아름다움, 순수함, 깨끗함을 표현하되 개성을 살려 최고의 이미지를 연출한다. 웨딩드레스의 가장 기본인 흰색과 아이보리에 분홍색, 자주색, 아쿠아그린 등을 유사색 배색이나 톤인톤 배색의 부드러운 느낌으로 활용하여 표현한다.

| 그림 2-24 | 웨딩 이미지의 색

웨딩 컬러 팔레트와 배색

- 신부의 화사함을 느낄 수 있는 분홍색, 피치핑크, 민트색, 자주색 계열의 색상을 활용한다.
- 브라이트bright 톤과 페일 톤으로 밝고 부드럽게 표현한다.
- 색상 차이가 크지 않은 배색으로 사랑스럽고 아름다운 이미지를 표현한다.

3. 색채 심리와 배색

색에는 인간의 생리나 감정에 영향을 미치는 힘이 있어 물리적 효과에 따라 심리적 반응을 유발한다. 색을 단순히 눈으로 보는 것이 아니라 마음으로 받아들이는 부분이 크기 때문이다. 색으로부터 자극을 받아 마음이 차분해지거나 흥분을 느끼며, 특정 상황이나 사물을 연상하기도 한다.

이 같은 색의 지각에 의한 심리적 반응은 동일한 상황에 있더라도 개인에 따라 다르게 작용하는데 이는 사람마다 감정, 취미, 기호 등의 성향과 환경, 지역적 특색, 문화적 배경 등에 의한 축적된 경험이 다르기 때문이다.

1) 일반적 색채 반응

(1) 흥분과 침착

사람의 감정과 직접 연결된 것으로 색상과 채도의 영향이 크다. 난색 계열의 채도가 높은 색은 흥분색, 한색 계열의 채도가 낮은 색은 침착색이다.

(2) 시간과 속도

색에 의한 시간 감각과 속도감도 색상과 채도의 영향을 많이 받는다. 장파장은 속도감이 빠르고 시간이 길게 느껴지는 반면 단파장은 속도가 느리고 시간이 짧게 느껴진다.

(3) 색채와 공감각

공감각이란 하나의 감각이 다른 감각을 불러일으키는 현상으로, 색의 경우 인간의 감각 간의 교류로 다른 감각기관의 느낌을 수반하는 것을 뜻한다. 색은 시각 현상이며, 색에 기반을 둔 감각의 공유 현상으로 색채와 소리, 색채와 맛, 색채와 냄새, 색채와 촉감 등이 뇌에서 인식된다.

(4) 색채와 소리

색조와 음조 사이에는 연관성이 있다. 음에는 7개의 장음조가 있고 색에도 무지개의 7가지 빛깔이 있다. 높은음은 밝고 강한 채도의 색, 낮은음은 어두운 색, 예리한 음은 순색에 가까운 밝고 선명한 색, 탁음은 낮은 채도의 둔한 색으로 표현된다. 서양화가 몬드리안Mondriaan, Pieter Cornelis은 색채와 음악을 이용한 '브로드웨이 부기우기(1942~1943)'를 선보였는데 노란색, 빨간색, 파란색, 밝은 회색을 사용하여 뉴욕의 브로드웨이가 전하는 다양한 소리와 역동적인 움직임을 표현함으로써 시각과 청각의 조화에 의한 색채 언어의 가능성을 보여 주었다.

| 그림 2-25 | 몬드리안의 브로드웨이 부기우기

(5) 색채와 모양

색채와 모양에 대한 공감각적 연구를 통해 둘 사이의 조화로운 관계를 연구한 사람으로 이텐Johannes Itten, 비렌Faber Birren, 칸딘스키Wassily Kandinsky 등이 있다. 노란색은 가장 명시도가 높은 색이기 때문에 뾰족하고 날카로운 역삼각형을 연상시키며, 빨간색은 단단하고 견고한 느낌을 주기에 정사각형과 연결된다. 파란색은 유동성을 지닌 원이 연상되며 주황색은 긴장감으로 인해 직사각형으로 표현된다.

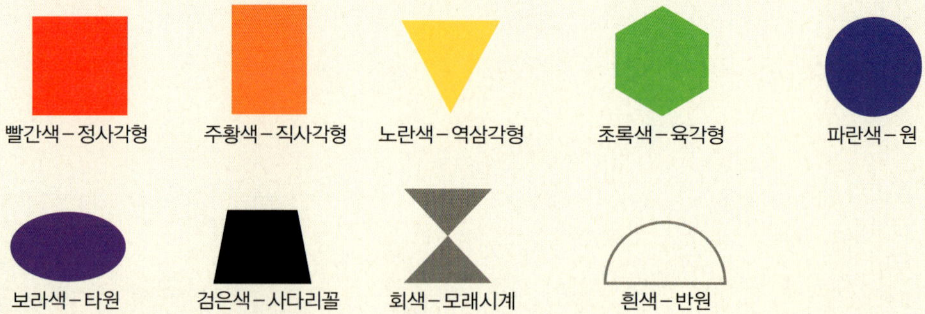

| 그림 2-26 | 색채와 모양

(6) 색채와 맛

일반적으로 사람들은 음식의 색에 민감하게 반응하여 식욕이 증진되기도 하고 감퇴하기도 한다. 이는 색이 대뇌를 통해 미각세포를 자극하여 일어나는 현상으로 난색 계열은 식욕을 돋우고 한색 계열은 식욕을 떨어뜨린다. 프랑스의 색채 연구가인 데리베레Maurice Deribere의 연구에 의하면 빨간색 · 주황색 · 노란색의 배색은 단맛을, 연녹색 · 연파란색 · 흰색의 배색은 짠맛을, 녹색과 노랑의 배색은 신맛을, 올리브그린 · 갈색 · 파란색의 배색은 쓴맛을 연상시킨다고 한다.

(7) 색채와 냄새

특정 대상과 동일한 색을 볼 때 그 대상의 냄새를 느낄 수 있는데 이는 실제로 후각에 직접적 또는 간접적으로 영향을 미친다. 고명도 · 고채도의 색과 순색은 향기롭게 느껴지며 명도와 채도가 낮은 난색 계열은 좋지 않은 냄새가 나는 듯하다. 코코아색이나 포도주색처럼 짙은 색조는 진한 냄새를 연상시킨다. 향수 용기를 포장할 경우 섬세하거나 에로틱한 향에는 주로 난색 계열을 활용한다.

(8) 색채와 촉각

색채를 통해 촉각을 느낄 수 있다. 명도가 높은 색은 부드러운 느낌을, 명도와 채도가 낮은 색은 강하고 딱딱한 느낌을 준다. 난색 계열은 건조하고 메마른 느낌을, 한색 계열은 촉촉하고 습한 느낌을 준다.

2) 색채의 연상과 상징

색에 대한 특정 인상이 기억을 통해 어떤 사물이나 느낌을 떠올리게 하는 현상을 색채의 연상이라 한다. 이것은 개인의 경험, 기억, 사상 등이 색에 투영되는 것으로 민족, 계절, 환경, 문화, 생활양식 등에 따라 다르게 나타난다. 이러한 연상 작용으로 사람에 따라 좋아하는 색과 싫어하는 색이 생기며, 이는 매우 주관적이고 유동적인 경향이 있어 경우에 따라 자주 달라진다.

어린 시절에는 색을 고정된 개념의 사물과 연관 지어 파란색은 하늘, 빨간색은 사과, 보라색은 포도와 연결하기가 쉽지만 성인이 될수록 추상적인 문화, 사회, 정치적인 것에 이르기까지 그 연상 범위가 넓어진다. 무채색보다 유채색이 연상 효과가 높으며 빨강, 파랑, 노랑 등의 원색은 연상되는 언어가 많다. 이러한 연상은 긍정적인 반응과 부정적인 반응이 동시에 나타날 수 있으므로 실제로 활용할 때는 그 영향을 충분히 고려해야 한다.

(1) 빨간색red

역동적인 빨간색은 자신감, 힘, 생동감, 정열을 상징한다. 감정적 충격이 큰 색으로 따뜻함과 안전함이 느껴지지만 대담하고 위험한 감각도 동시에 지니고 있다. 즉 욕망, 격정, 흥분, 미움, 공포, 지나친 열정, 분노심을 불러일으키기도 한다. 향상심과 용기, 기력과 의욕을 북돋우며 부정적인 기운을 쫓아내 주술의 목적으로도 사용된다.

빨간색을 좋아하는 사람은 적극적이고 성취욕이 강하며 강한 행동력의 소유자인 경우가 많다. 맡은 일을 확실하고 신속하게 처리하며 리더십이 강하고 유머 감각이 뛰어나 인기도 많은 편이다.

생리적 영향으로는 활동력을 자극하여 몸이 피곤하거나 기분이 우울할 때 긍정적인 효과가 있으며, 뇌하수체 분비선을 자극하여 아드레날린 분비를 촉진하고 혈압을 상승시켜 맥박과 혈액순환이 빨라진다. 맛을 느끼는 돌기와 후각도 예민해져 식욕이 왕성해진다. 그러나 지나치면 돌발성이나 충동성을 유발하며 신경이 날카로울 때 많이 사용하면 공격적이 될 수도 있다.

| 그림 2-27 | 빨간색 이미지

(2) 노란색yellow

빛의 반사율이 가장 높은 노란색은 가볍고 밝고 대담하고 외향적인 성질이 있다. 영혼의 완성, 평화, 휴식, 햇빛, 젊음, 기쁨, 즐거움의 색이며 주목성이 높고 친근감을 준다. 노란색은 인간의 정신 활동과 관련되어 이를 자극함으로써 지혜, 이해심, 직관적 통찰력, 자신감을 불러일으키며 유창한 말솜씨와 재치 있는 행동을 유도한다. 따라서 새로운 아이디어가 필요하거나 자신의 생각을 명확하게 정리하고 결정을 내릴 때 효과적이다. 의기소침한 기분을 전환시키고 어려움에 대처하는 방법을 터득하도록 도와주기도 하지만 부정적인 측면으로 경박, 불안, 초조를 연상시키며 색의 농도가 짙어지면 배신, 부실, 비겁함, 탐욕의 부정적인 의미도 지니게 된다.

노란색을 좋아하는 사람은 밝고 낭만적이며 사교적인 성격으로 자유로운 사고방식과 거침없는 행동의 소유자가 많다. 표정이 풍부하며 사람들에게 따스함을 주고 늘 새로운 것을 추구한다. 박학다식하고 호기심이 많아 궁금한 것을 참지 못하며, 좋고 싫음이 분명하지 않아 우유부단하고 싫증을 잘 내는 편이다.

생리적 영향으로는 호르몬 분비의 촉진으로 에너지를 생성하여 신경질환, 우울증, 피로 회복에 좋다. 운동신경을 활성화하여 기분 전환의 효과도 있으나 지나치면 스트레스를 가중시키고 초조감과 긴장감을 유발하기도 한다.

| 그림 2-28 | 노란색 이미지

(3) 주황색orange

빨간색과 노란색의 혼합색인 주황색은 두 색이 지닌 본래의 성질을 적당히 완화하여 빨간색의 강렬함은 따뜻함으로, 노란색의 불안함은 편안함으로 전환시킨다. 기쁨, 쾌락, 경쾌함, 활발함, 화려함, 무사태평, 긴장

이완의 이미지가 있으며, 외향적이고 개방적이다.

주황색은 고대 이집트와 유대 신비주의의 전통적 사상에서 장려함을 나타내며, 동양권인 중국의 전통에서는 사랑과 행복의 주된 상징 중 하나이다. 일반적으로 태양의 따뜻한 빛을 연상시키며, 열대의 과일과 이국적인 꽃처럼 낭만적인 분위기를 북돋아 안식과 여유를 준다. 빨강만큼 강하지는 않지만 생명력이 넘치는 색으로 활기와 즐거움을 자극하고, 정력적인 활동성과 창조성으로 포부를 다지게 하기도 한다. 자긍심이 느껴지며, 자신뿐만 아니라 다른 사람들과 동물, 식물, 주위의 사물들을 보호하고 싶은 감정을 불러일으킨다.

주황색을 좋아하는 사람은 사교적이며 혼자 지내는 것을 싫어한다. 이해심이 많아 친화력이 뛰어나고 표정이 온화하며 유창한 어휘력과 발랄한 성격의 소유자가 많다. 그러나 독단적이고 독선적이거나 행동이 앞서는 사람에게는 그러한 특성을 배가시키므로 적당하지 않으며 사람들의 싫증을 불러일으키는 단점이 있다.

생리적 영향으로는 면역계를 자극하여 관련 치료에 도움을 주며 나른함을 유발하여 숙면을 취하게 한다.

| 그림 2-29 | 주황색 이미지

(4) 분홍색pink

격렬한 빨간색에 흰색이 섞이면 분홍색이 되면서 부드럽고 온화하며 연약하고 여성스러운 이미지로 변한다. 분홍색은 아름다움, 소녀, 연애, 모성을 상징하며 지극히 낭만적이고 사랑스러운 느낌을 준다. 아울러 최상의 상태, 즉 일이나 생활 등이 최고의 위치에 있음을 나타내 건강과 풍요를 표현할 때 자주 쓰이는데 '장밋빛 인생'이라는 말에 그 의미가 잘 나타나 있다. 시간이 지날수록 점점 사람의 마음을 끌고 가슴 깊이 스며들게 하는 마력이 있으나 간혹 유치하다거나 가볍다는 인상으로 거부감이 들기도 한다.

분홍색을 좋아하는 사람은 애정과 감정이 풍부하며 인심이 후하고 책임감이 강하다. 끈기가 있고 보호 본능이 강하며 다정다감하고 섬세한 성격인 반면 타인에게 의지하려는 성향이 있다.

생리적 영향으로는 심리 면에서 진정 효과가 있어 마음을 가라앉히고 위로가 된다. 창의적 발상에 도움이 되며 격무에 시달릴 때 아늑함과 편안함을 준다.

| 그림 2-30 | 분홍색 이미지

(5) 초록색green

초록색은 봄에 돋아나는 새싹의 연둣빛부터 늦여름 무성한 숲의 진초록에 이르기까지 자연을 포괄하는 가장 지배적인 색이다. 생명과 에너지, 휴식, 위안, 차분함, 안정감을 주며 인간의 정신 구조를 가장 이상적인 상태로 유지시킨다. 복잡한 일상으로 심신이 지치면 자연의 섭리에 따른 회귀본능이 작용하는데, 초록색은 이러한 치료와 재생을 상징하며 성장과 다산 등을 표현하는 색으로 인식되어 있다.

초록색을 몸에 걸치면 정신적인 면과 물질적인 면 모두가 풍요로워지고 어떤 대상에 대해 긍정적인 생각과 태도를 취하게 되며 이상을 추구하려고 노력한다. 또 사물을 조화롭게 바라보는 눈을 갖게 하여 문제의 양면을 함께 살필 수 있을 뿐만 아니라 긍정과 부정의 감정을 골고루 표현하게 된다. 반면에 게으름, 이기심, 질투 등의 부정적인 의미를 나타내기도 하며 무겁고 어두운 느낌의 초록색은 허약하고 우울한 기분에 빠지게 한다.

초록색을 좋아하는 사람은 감정이 풍부하고 낙천적이어서 항상 희망에 넘쳐 있으며 착실하고 타인과 자신을 잘 믿는다.

생리적 영향으로는 비만세포를 안정시켜 다이어트에 도움이 되며 음식물에 대한 알레르기 반응을 감소시킨다. 습진, 설사, 위장 질환에 효과적이며 눈의 피로를 완화한다.

| 그림 2-31 | 초록색 이미지

(6) 파란색blue

진실의 색인 파란색은 높은 뜻과 지성, 성실함을 상징하고 자주성과 정신적 노력을 북돋우며 이성과 감성을 연결한다. 생활 속에서 무의식적으로 받는 스트레스로 인한 긴장을 풀어 주며, 차분하고 논리적인 사고를 할 수 있도록 이끌어 준다.

파란색은 푸른 바다와 하늘을 연상시켜 기분이 편안해지며 흥분, 노여움, 불안을 느낄 때 침착과 냉정을 되찾게 한다. 주위에 파란색을 많이 사용하면 심사숙고하여 일을 처리할 수 있으며, 동요하는 심리를 진정시켜 마음의 평화를 얻을 수 있다.

하늘과 연결되는 상징을 많이 내포하여 세계의 여러 신화에서 하늘의 아버지나 신을 의미하고 있으며, 고대 그리스와 로마 시대에는 제우스와 주피터를 푸른 신전에 모셨다. 파란색이 지혜나 지배 권력인 왕위, 종교 계급을 상징하는 것도 이 때문이다. 차분한 느낌으로 격식을 차린 엄숙한 공간에 잘 어울리며, 후퇴색이어서 실내에 사용하면 공간이 넓어 보이고 조용하면서 한가로운 분위기를 조성한다. 반면에 우울, 침울, 무기력, 침묵, 공허, 비애 등 부정적인 연상 작용도 있다.

파란색을 좋아하는 사람은 감성이 풍부하면서도 자제심이 강하여 참을성과 끈기가 있으며, 일 처리가 뛰어난 인재가 많다. 주변 사람과의 조화

| 그림 2-32 | 파란색 이미지

를 중요시하며, 신중하고 책임감이 강하여 다정다감하지는 않지만 믿음을 주는 성격으로 변화보다는 안정을 중요시하는 경향이 있다.

생리적 영향으로는 맥박을 느리게 하여 흥분을 가라앉히며 긴장감 완화에 효과적이다. 식욕을 감퇴시키고 체온을 낮추며, 근육을 이완시켜 피로 회복과 불면증 치료에도 좋다.

(7) 갈색brown

갈색은 3가지의 원색을 섞은 3차색이다. 즉 주황색에서 명도를 낮춰 그보다 어둡게 만든 색으로 둘 사이에는 공통적인 부분도 많지만 갈색이 좀 더 얌전하고 냉정하며 차분하다.

갈색은 원래의 주황색처럼 마음을 편안하게 하고 따뜻함과 우호적인 생각을 나타내며, 어두운 색조는 시간이 지나도 퇴색하지 않는 훌륭한 가치를 시사한다. 쾌적하고 호화로운 느낌이며, 향기롭고 맛있는 음식을 연상시킨다. 생명의 어머니인 대지의 색으로 비옥함, 울창한 나무의 힘 등을 상징한다. 갈색의 가장 좋은 이미지는 진흙 속에서 꽃이 피어나는 것처럼 아름다움이 탄생하는 근원을 나타내는 것이다.

갈색은 느린 파장을 지녀 무겁고 까다로운 느낌으로 부정적인 면도 갖고 있다. 이성에 대한 거부나 활력의 감소, 죽음과 부패의 이미지를 나타

| 그림 2-33 | 갈색 이미지

내며 염세적이고 불만스러운 마음을 표현하는 데 사용기도 한다.

갈색을 좋아하는 사람은 검소하고 융통성이 부족한 편이지만 어려움이 닥쳤을 때 적극적으로 대처하며 성실함과 인내력으로 끝까지 일을 해내는 성격이다.

생리적 영향으로는 마음을 편안하게 하고 따뜻함과 우호적인 생각을 유도하며 학문에 정진하도록 이끌어 준다.

(8) 보라색과 자주색 violet and purple

보라색과 자주색은 안료의 비율로 보면 색상에는 차이가 있으나 상징하는 의미는 거의 같으므로 동일 선상에서 설명할 수 있다. 이 두 색을 구성하는 색상은 스펙트럼상에서 서로 멀리 떨어져 있는 상반된 성질의 빨간색과 파란색이다. 그러나 이 색들과는 심리적, 감정적인 면에서 매우 다른 성질을 나타낸다. 즉 상반된 두 색을 적절히 아우르며 정신과 감정, 신성과 육체의 조화를 상징한다.

보라색은 예로부터 서양에서 신성하고 고귀한 색으로 여겨졌다. 히브리의 성직자들과 초기 기독교 성직자들도 보라색 성복을 입었다. 자주색 역시 부귀와 기품의 상징이었으며 오래전부터 왕후의 색으로 쓰였다. 영적인 계시를 의미하여 기독교에서는 예수 수난의 현의를 표현할 때나 부

| 그림 2-34 | 보라색 이미지

활절, 특히 재의 수요일Ash Wednesday과 성토요일Holy Saturday을 상징하는 색으로 사용되었다.

보라색을 좋아하는 사람은 화려함을 추구하고 예술적 기질이 다분하다. 남들과 똑같은 것을 싫어하고 눈에 띄기를 원하며 감수성이 뛰어나고 관찰력이 예리하다. 사려 깊고 내성적인 성향이 많으며 자부심이 강하고 항상 타인에게 매력적이기를 바란다.

생리적 영향으로는 육체적, 정신적으로 안정과 조화를 유도하여 주변에 사용하면 깊이 있는 생각을 이끌어 낸다. 그러나 지나치면 마음이 답답하고 불쾌감이 느껴지는데, 이는 보라색과 자주색이 에너지가 다소 강한 색이어서 정신적으로 부담스러운 면이 있기 때문이다.

(9) 흰색과 검은색white and black

흰색과 검은색은 반대의 느낌을 상징하기에 오히려 함께 놓고 보는 것이 이해하기 쉽다. 두 색의 대비를 통해 각 색의 특성이 더욱 두드러지게 나타나기 때문이다.

흰색은 양을 검은색은 음을, 흰색은 따뜻함과 적극성을 검은색은 차가움과 수동성을, 흰색은 밝음을 검은색은 어두움을 상징한다. 위협적인 분위기나 자극성이 없는 흰색은 깨끗하고 참신하며 변화를 수용하는 특성

| 그림 2-35 | 흰색과 검은색 이미지

이 있어 모든 것을 포용하는 미덕과 봉사의 숭고함, 성스러움, 평화, 희망, 신뢰감을 느끼게 한다. 검은색은 심리적 측면에서 방어적 태도를 나타내는 등 대부분 부정적 이미지를 상징하는데, 이는 죽음과 장례식을 연상시키고 어둠이나 미지의 세계에 대한 공포와 연결되기 때문이다.

흰색을 좋아하는 사람은 내성적이고 고집이 세며, 완벽함을 추구하고 과시욕이 강하다. 검은색을 좋아하는 사람은 사물을 보는 눈이 날카로우며 이지적이고 냉정한 성격으로 판단이 서면 곧장 행동을 취하며, 반항적인 성향이 있다.

(10) 회색gray

흰색과 검은색을 혼합한 회색은 흑백과 음양의 중간에서 두 색의 상반되는 성질을 함께 갖고 있다. 즉 의식과 무의식을 중개하며 긍정과 부정 등 양극의 의미를 모두 내포한다.

회색은 새로운 변화를 자진해서 받아들이고 마음이 의식의 밑바탕까지 다다르게 하며, 뇌의 회백질을 연상시켜 지혜와 지성을 나타낸다. 반면 재해나 사고의 여파, 먼지나 거미집, 연소된 연료나 재를 상징하며 무질서, 고통, 불안, 혼란, 불명확을 표현하는 부정적 이미지도 있다.

회색을 좋아하는 사람은 개인주의적 성향이 강하고 자신을 잘 드러내

| 그림 2-36 | 회색 이미지

지 않는 성격의 소유자가 많다.

생리적 영향으로는 회색에 과도하게 집착하는 경우 수용하기 어려운 상황에서 심신을 회복하여 평온을 얻기 위한 필사적 행동으로 해석되며, 신경쇠약과 낮은 자존심을 대변한다. 이렇게 회색은 심적으로 어두운 느낌이 많지만 중간색으로서 밝은 이미지도 강하여 중요한 역할을 한다. 밝은 회색은 인격 수양과 건전한 의식의 회복에 효과가 있어 색채 치료에 사용된다.

3) 색채의 배색

배색이란 2개 이상의 색을 특별한 효과나 목적에 알맞게 배치하여 조화를 이루는 것을 말한다. 질서 정연한 배색은 심리적으로 안정감을 주며 그렇지 못한 경우에는 당연히 반대로 불안정한 느낌이 든다. 심리적 안정과 쾌감을 주는 배색을 위해서는 다음 사항에 주의해야 한다.

- 배색의 목적과 주위 환경을 고려한다.
- 색의 배치나 면적대비를 고려한다.
- 색상, 명도, 채도의 변화를 고려하여 조화를 이룬다.
- 사용되는 재질과 형체를 고려하여 배색을 미리 계획한다.

(1) 색상 기준의 배색

① 동일색 배색monochromatic

같은 색상에 의한 배색 방법으로 가장 무난하며 안정적이고 부드러운 느낌을 준다. 명도나 채도의 변화로 세련된 분위기를 낼 수 있으며, 단색이 지닌 고유한 이미지를 가장 잘 나타낼 수 있다.

| 그림 2-37 | 동일색 배색

② 유사색 배색analogous

색상환에서 30도 사이에 인접한 색을 사용하여 배색하는 방법으로 색의 차이가 크지 않아 안정적이고 친근한 느낌을 준다. 표현 의도에 따라 색조에 변화를 주어 다양한 이미지를 연출할 수 있다.

| 그림 2-38 | 유사색 배색

③ 보색 배색complementary

색상환에서 180도의 대각선에 위치한 색을 사용하여 배색하는 방법으로 강한 대비 효과와 동적이고 화려한 느낌을 준다. 서로의 색을 더욱 선명하게 표현할 수 있다.

| 그림 2-39 | 보색 배색

(2) 명도 기준의 배색

① 명도 차가 작은 배색

고명도만의 배색은 가볍고 화사한 느낌, 중명도만의 배색은 온화하고 안정적인 느낌, 저명도만의 배색은 무겁고 웅장한 느낌을 준다.

| 그림 2-40 | 명도 차가 작은 배색

② 명도 차가 중간인 배색

고명도와 중명도의 배색은 경쾌하고 밝은 느낌, 중명도와 저명도의 배색은 다소 어두우나 안정적인 느낌을 준다.

| 그림 2-41 | 명도 차가 중간인 배색

③ 명도 차가 큰 배색

고명도와 저명도의 배색은 강한 대비 효과로 선명하고 명확한 느낌을 준다.

| 그림 2-42 | 명도 차가 큰 배색

(3) 채도 기준의 배색

① 채도 차가 작은 배색

고채도만의 배색은 밝고 화려한 느낌, 중채도만의 배색은 온화하고 안정적인 느낌, 저채도만의 배색은 무겁고 칙칙한 느낌을 준다.

| 그림 2-43 | 채도 차가 작은 배색

② 채도 차가 중간인 배색

고채도와 중채도, 중채도와 저채도의 배색은 강하면서 안정된 느낌을 준다.

| 그림 2-44 | 채도 차가 중간인 배색

③ 채도 차가 큰 배색

고채도와 저채도의 배색은 강한 대비로 선명하고 화려하며 지적인 느낌을 준다.

| 그림 2-45 | 채도 차가 큰 배색

(4) 색조 기준의 배색

① 동일한 색조의 배색

차분하고 정적이며 통일된 느낌을 준다.

| 그림 2-46 | 동일한 색조의 배색

② 유사한 색조의 배색

안정적이고 온화하며 부드러운 느낌을 준다.

| 그림 2-47 | 유사한 색조의 배색

③ 반대되는 색조의 배색

동적이고 화려하며 자극적인 느낌을 준다.

| 그림 2-48 | 반대되는 색조의 배색

4) 배색 기법

(1) 강조 배색accent

악센트accent는 강조, 강세, 역점의 의미로 전체의 배색에 변화가 없을 때 기존 색과 대조되거나 반대가 되는 강조색을 사용하여 적극성과 활기를 불어넣는 배색을 말한다. 작은 부분에 주조색과 대조적인 색상이나 색조를 사용하여 주목성을 높이거나 초점을 강조하는 것이 특징이다.

| 그림 2-49 | 강조 배색

(2) 연속 배색gradation

그러데이션gradation은 단계적 차이, 점차적 변화의 의미로 규칙적이고 연속적으로 변화하는 리듬 효과를 이용하여 점진성과 색의 율동을 느낄 수 있는 배색을 말한다. 3가지 이상의 다색을 배색할 때 효과적이며 색상이나 명암의 단계적 변화로 세련된 이미지를 연출할 수 있다.

| 그림 2-50 | 연속 배색

(3) 반복 배색repetition

레피티션repetition은 반복, 되풀이의 의미로 최소 2개 이상의 색을 반복하는 배색을 말한다. 일정한 질서를 부여함으로써 통일감이나 융화된 느낌을 표현할 수 있다.

| 그림 2-51 | 반복 배색

(4) 분리 배색separation

| 그림 2-52 | 분리 배색

세퍼레이션separation은 분리, 구분의 의미로 두 색이 유사할 때 분리되어 두드러지는 효과를 주고자 하거나 색상 차가 많이 나는 강한 배색을 완충시키기 위해 두 색을 분리할 수 있는 무채색, 금색, 은색 등을 사용하여 조화를 이루게 하는 배색을 말한다.

(5) 톤온톤 배색tone on tone

| 그림 2-53 | 톤온톤 배색

톤온톤tone on tone은 톤 위에 톤을 겹친다는 의미로 동일 색상에서 2가지 톤의 명도 차를 크게 한 배색을 말한다. 3색 이상의 다색을 사용하는 같은 계열 색상의 농담 배색도 톤온톤 배색이라 한다. 부드럽고 안정적이며 통일성을 유지하면서 극적인 효과를 낼 수 있어 많이 사용되는 배색 방법이다.

(6) 톤인톤 배색tone in tone

| 그림 2-54 | 톤인톤 배색

톤인톤tone in tone은 톤의 느낌을 일정하게 유지하면서 색상은 유사하게 하는 같은 톤끼리의 배색을 말한다. 주로 동일색이나 유사색을 사용했으나 최근에는 제약 없이 자유롭게 사용하는 경우도 많다. 톤이 동일하여 안정된 느낌을 주고 선택한 톤에 따라 강하고 부드러운, 둔탁하고 가벼운, 어둡고 밝은 분위기를 다채롭게 연출할 수 있다.

(7) 토널 배색tonal

토널tonal은 톤의 형용사로 '색조의' 라는 의미이다. 토널 배색은 도미넌트 배색dominant harmony 또는 톤인톤 배색과 같으나 중명도 · 중채도의 덜 톤을 이용하기 때문에 안정되고 편안하며 수수한 이미지를 연출할 수 있다.

| 그림 2-55 | 토널 배색

(8) 비콜로 배색bicolore

비콜로bicolore는 프랑스어로 '2색의' 라는 의미로 하나의 면에 2가지 색을 넣는 배색을 말한다. 대부분 흰색과 고채도의 비비드 톤의 색을 사용하기 때문에 대비 효과가 분명하여 명확하고 선명한 느낌을 준다. 금색과 은색, 흰색과 검은색 등 대조적인 색이 많이 사용된다.

| 그림 2-56 | 비콜로 배색

(9) 트리콜로 배색tricolore

트리콜로tricolore는 '3색의' 라는 의미로 하나의 면에 3가지 색을 넣는 배색을 말한다. 프랑스 국기의 파란색, 흰색, 빨간색의 배색이 대표적이다. 이러한 배색은 강렬한 대비 효과를 연출할 뿐만 아니라 안정감이 높아 다양하게 활용되고 있다.

| 그림 2-57 | 트리콜로 배색

CHAPTER 3

이미지별 패션 스타일의 이해

1. 로맨틱 이미지의 패션 스타일
2. 엘레강스 이미지의 패션 스타일
3. 클래식 이미지의 패션 스타일
4. 액티브 이미지의 패션 스타일
5. 에스닉 이미지의 패션 스타일
6. 매니시 이미지의 패션 스타일
7. 모던 이미지의 패션 스타일
8. 아방가르드 이미지의 패션 스타일
9. 내추럴 이미지의 패션 스타일
10. 웨딩 이미지의 패션 스타일

CHAPTER 03

이미지별 패션 스타일의 이해

뷰티 패션 분야의 스타일리스트는 각 시즌마다 새롭게 등장하는 색상, 소재, 스타일, 연출 기법 등의 새로운 트렌드trend를 제시하고, 이에 맞는 이미지와 스타일을 예측하게 한다. 2장에서 설명한 이미지들의 의미를 좀 더 세분하여 그 특징과 스타일을 살펴보겠다.

1. 로맨틱 이미지의 패션 스타일

1) 의미와 특징

프랑스어의 로망roman이 어원인 로맨틱은 산업혁명과 프랑스혁명을 배경으로 자유로운 인간의 감정을 표현한 낭만주의(로맨티시즘romanticism)로 표현된다.

비현실적인 가상의 꿈을 꾸는 듯한 달콤하고 사랑스러운 느낌으로 기능성이나 활동성보다는 분위기를 중요시하는 로맨틱 이미지는 귀엽고 다정하며 섬세한 스타일로 부드러운 색이 잘 어울린다. 허리를 코르셋corset으로 가늘게 조이고 소매와 스커트를 최대한 부풀린 X자형 실루엣이 대표적이다. 컬이 들어간 긴 머리에 프릴, 레이스, 리본, 풍성한 꽃이나 꽃무늬, 코르사주corsage 등의 장식적 디테일을 활용하여 소녀적 취향을 연출한다.

(1) 미네트minette

소녀 또는 멋을 내는 젊은이라는 뜻으로 10~20대 초반의 여성을 가리키는 프랑스어 미네트는 1960년대 제2차 세계 대전의 종전과 경제 산업화의 가속화, 미국 케네디 대통령의 암살, 중국의 문화혁명 등 급속한 시대의 변화에 따른 대중의 불안 심리가 패션에 반영되면서 형성된 스타일이다.

기성세대의 전통이나 관습과는 다른 대담하고 실험적인 영 패션, 즉 부드럽고 소녀다운 젊고 발랄한 이미지로서 특히 신체적으로 미성숙하고 깡마른 체형을 선호하였다. 영국의 트위기Twiggy가 그 대표적인 모델이다. 1965년 영국 디자이너 메리 퀀트Mary Quant의 미니스커트, 낭만적인 스타일에 다소 자유분방하고 거친 히피 스타일이 결합된 로맨틱 히피 스타일, 1990년대 후반에 유행한 발레리나 스타일, 교복 차림의 단정한 스쿨걸 스타일이 있다.

(2) 노스탤직nostalgic

고전적인 민속 의상이나 수공예 장식을 디테일이나 트리밍으로 활용한 스타일이다. 1970년대 초의 판탈롱과 롱스커트가 1990년대 중반에 다시 유행하면서 노스탤직 이미지를 현대 패션에 접목하였다.

(3) 판타스틱fantastic

실용적이고 현실적인 일상복이 아닌, 몽상적이고 환상적인 이미지를 디자인이나 색상으로 표현한 예술을 위한 스타일이다.

(4) 메르헨Märchen

메르헨은 상상력이 풍부한 어린이를 위한 공상적인 동화라는 독일어로, 동화 속 인물을 표현하거나 응용하여 로맨틱하고 극적인 이미지를 연출한 스타일이다. 바비 인형이나 엘리스 스타일 또는 캐릭터를 무늬로 프린트하거나 수를 놓아 어린이들의 환상 속 세계를 표현한다.

2) 의상 제작 예시

로맨틱 이미지의 의상 제작 과정

01 로맨틱 이미지의 의상 제작에 필요한 재료를 준비한다.

02 치마의 허리 부분을 홈질한 후 잡아당겨 주름을 풍성하게 잡는다.

03 주름지의 윗부분을 늘이거나 당기면서 꽃잎 형태의 곡선을 만들어 상의를 제작한다.

04 여러 장의 부직포를 겹쳐 일정한 간격으로 접어 부채 모양을 만든다.

05 끝이 서로 겹치도록 한 장씩 펼쳐 꽃 모양을 만든다.

06 주름을 잡아 놓은 치마의 중앙을 허리에 고정시킨다.

07 치마의 뒷부분도 고정시킨다.

08 상의의 앞면을 가슴에 고정시킨다.

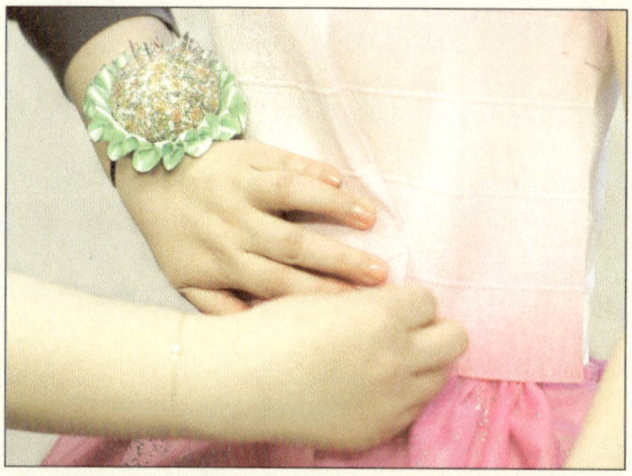

09 상의의 허리 부분을 치마의 허리에 고정시킨 후 앞면의 옆선과 연결한다.

10 상의의 윗부분을 조절하여 하늘거리는 꽃잎처럼 연출한다.

11 나머지 주름지로 상의와 치마가 이어진 허리 부분을 빙 둘러 꽃받침을 만든다.

12 부직포로 만든 꽃 장식을 머리에 핀으로 고정시킨다.

13 로맨틱 의상의 완성된 뒷모습

14 로맨틱 의상의 완성된 앞모습

2. 엘레강스 이미지의 패션 스타일

1) 의미와 특징

엘레강스는 세련되고 품위 있는 성숙한 여성의 이미지로, 은은하고 흐르는 듯한 곡선미를 강조한다. 너무 화려하거나 과도한 장식은 배제하고 단아한 느낌을 최대한 살려 여성의 인체 곡선을 따라 디자인한 실루엣으로 우아하고 격조 높은 아름다움을 표현한다. 둥근 어깨, 부푼 가슴, 잘록한 허리, 깊게 파인 목둘레와 치마의 트임 등을 강조하고 실크 스카프나 숄, 장갑, 백, 진주 같은 액세서리를 활용한다. 매끄럽고 광택이 있거나 부드럽고 반투명한 소재로 기품 있는 이미지를 최대한 살린다.

2) 의상 제작 예시

엘레강스 이미지의 의상 제작 과정

01 엘레강스 이미지의 의상 제작에 필요한 재료를 준비한다.

02 부직포를 길게 잘라 중앙을 홈질한 후 잡아당겨 주름을 풍성하게 잡아 프릴을 만든다.

03 부직포를 세로로 길게 자른 후 중앙과 양옆에 주름을 풍성하게 잡아 원피스의 앞면과 뒷면을 만든다.

04 원피스의 앞면을 가슴에 고정시킨다.

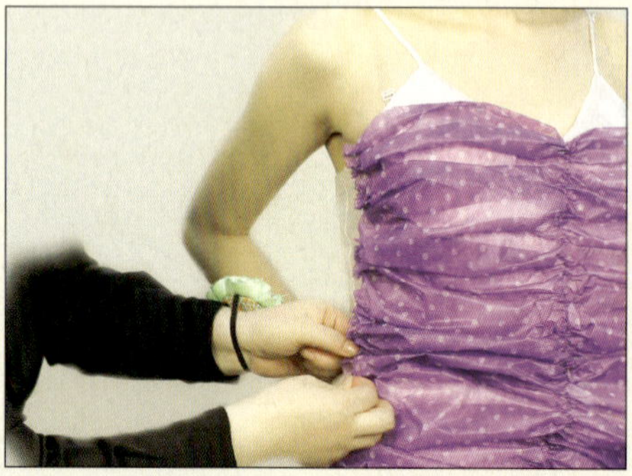

05 앞면의 옆선을 고정시킨다.

06 원피스의 뒷면을 등 중앙에 고정시킨 후 앞면의 옆선과 연결한다.

07 소매로 사용할 부직포를 반으로 접어 2장이 된 상태에서 함께 홈질한 후 잡아당겨 주름을 만든다.

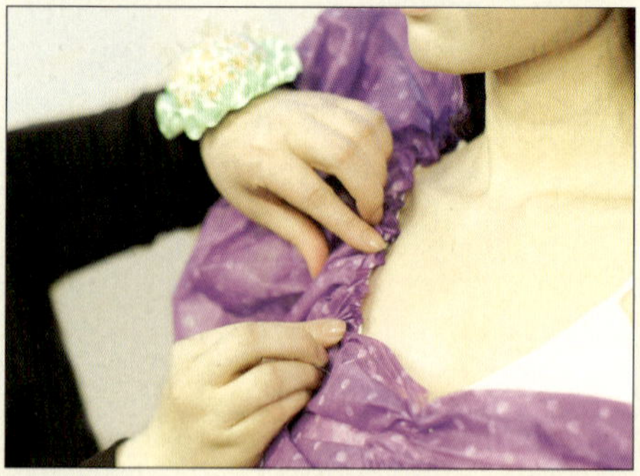

08 소매를 원피스의 앞면과 뒷면에 연결한 후 주름을 정리한다.

09 소매를 적당한 부피로 부풀려 여성스럽고 우아한 이미지를 연출한다.

10 원피스의 밑단으로 사용할 부직포의 중앙을 홈질한 후 잡아당겨 풍성한 러플을 만든다.

11 러플의 위치를 사선의 언밸런스한 형태로 잡아 원피스의 밑단에 고정시킨다.

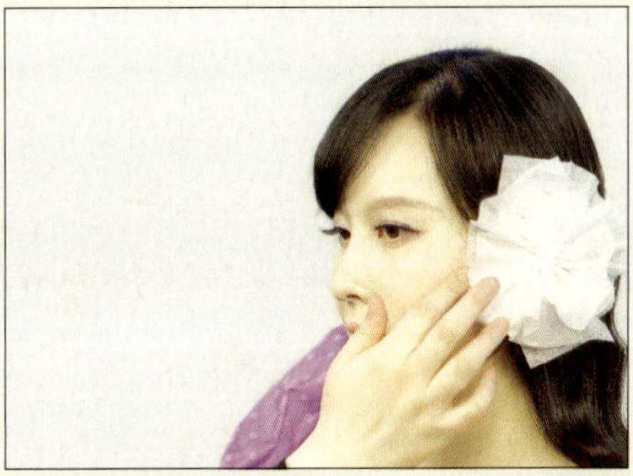

12 여러 장의 부직포를 겹쳐 꽃 장식을 만들어 머리에 핀으로 고정시킨다.

13 엘레강스 의상의 완성된 옆모습

14 엘레강스 의상의 완성된 앞모습

3. 클래식 이미지의 패션 스타일

1) 의미와 특징

클래식은 고대 로마의 시민계급 중 최상급인 클라시쿠스classicus에서 유래하였다. 일류의, 최고의, 고전적, 전통적, 보수적이라는 의미를 가진 클래식은 유행이나 미의 기준을 선도하지는 않지만 시대를 초월한 가치와 보편성이 있어 오랫동안 지속되는 이미지이다. 흰색과 검은색이 기본색이며, 귀족적인 느낌의 황금색이나 중성색을 사용하여 중후함을 표현한다.

제1차 세계 대전 이후 등장한 샤넬룩Chanel look은 금속 단추에 가장자리를 트리밍한 트위드슈트와 샤넬라인의 치마, 진주나 금속 체인의 목걸이, 장갑 등을 액세서리로 활용한다. 디오르Christian Dior의 뉴룩new look은 둥글고 부드러운 어깨선, 가는 허리, 길고 풍성한 플레어스커트로 여성의 우아함을 강조하였다.

지금까지도 사랑 받고 있는 대표적인 스타일로 테일러드슈트tailored suit, 샤넬슈트Chanel suit, 니트 앙상블, 트렌치코트 등이 있으며, 고전적이고 고풍스러운 안정감이 느껴진다.

(1) 트래디셔널traditional

'전통의', '전통에 근거한', '고풍스러운' 이라는 의미의 트래디셔널은 평범하고 실용적이면서 기능적인 스타일이다. 헤링본, 글렌체크, 타탄체크, 하운드투스체크 등을 많이 사용하며 색상은 감색, 회색, 갈색, 베이지 등을 기본색으로 하여 포도주색, 올리브색, 금색, 검은색 등으로 포인트를 준다. 귀족적인 영국풍의 브리티시 트래디셔널 이미지가 미국에 정착하여 발전한 아메리칸 트래디셔널로 아이비 룩Ivy look, 프레피 룩preppy look, 뉴욕 트래드 룩New york trad look이 있다.

(2) 컨서버티브conservative

'소극적인', '보수성이 강하고 신중한' 이라는 의미의 컨서버티브는 많은 사람이 선택하여 유행이 대중화되고 보편화되었을 때의 스타일을 말한다.

(3) 빈티지vintage

숙성된 포도주, 수확기의 포도를 의미하는 빈티지는 18세기에 상류사회를 선망하던 시민들이 벼룩시장에 나온 상류층의 제품을 구입하면서 시작된 재활용 패션으로 경제성, 실용성, 희소가치, 편안함 등의 장점이 있어 현재 많이 애용되는 스타일이다.

2) 의상 제작 예시

클래식 이미지의 의상 제작 과정

01 부직포를 세로로 길게 잘라 윗부분을 일정한 간격으로 3단을 접은 후 스테이플러로 고정시켜 원피스를 만든다.

02 부직포를 가로로 길게 잘라 간격에 변화를 주면서 접은 후 스테이플러로 고정시켜 긴 직사각형의 숄을 만든다.

03 원피스의 앞면을 가슴의 중앙에 고정시켜 형태를 잡는다.

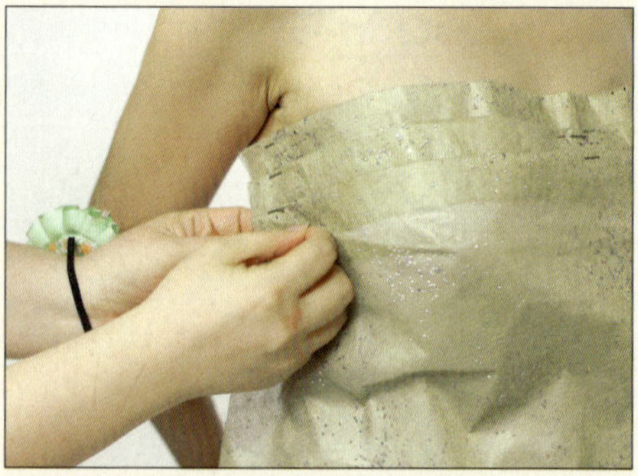

04 옆선에 가슴 다트를 접어 고정시킨다.

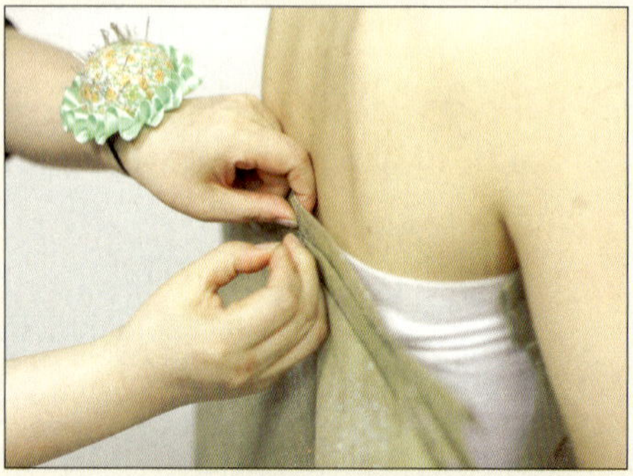

05 원피스의 뒷면을 등의 중앙에 고정시킨다.

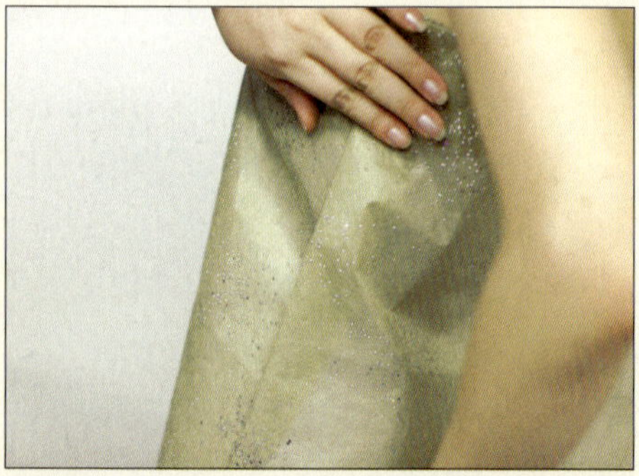

06 원피스의 앞면과 뒷면을 옆선에서 연결하여 고정시킨다.

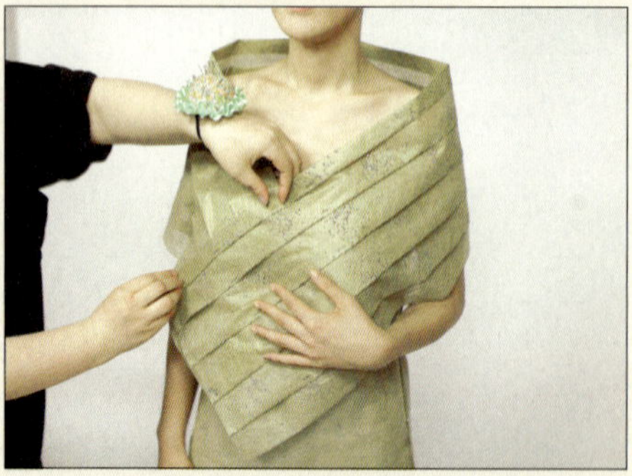

07 어깨를 숄로 살짝 가려 기품 있는 이미지를 연출한다.

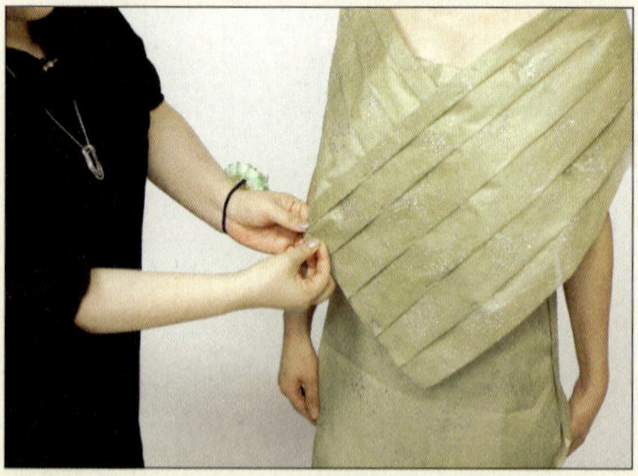

08 숄의 양 끝 모서리를 맞춰 고정시킨다.

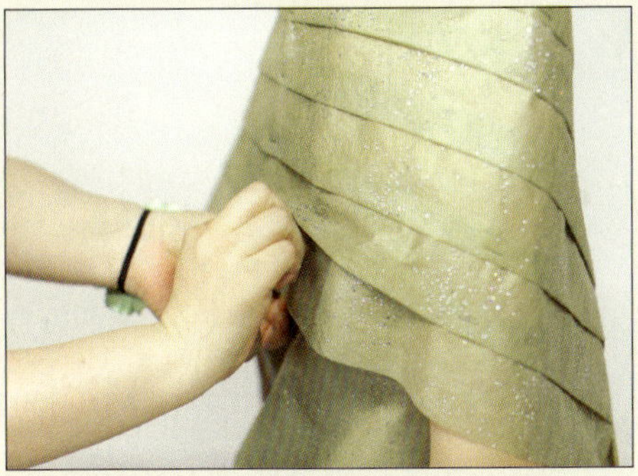

09 숄의 뒷면 중앙을 원피스에 고정시킨다.

10 목의 길이와 둘레에 맞춰 부직포를 잘라 반으로 접어 삼각형으로 자른다.

11 삼각형으로 자른 부직포를 펼쳐 다이아몬드형의 무늬를 확인한다.

12 목을 감싸 뒤에서 고정시켜 목걸이나 스탠드칼라의 느낌을 연출한다.

13 클래식 의상의 완성된 뒷모습

14 클래식 의상의 완성된 앞모습

4. 액티브 이미지의 패션 스타일

1) 의미와 특징

활동적, 적극적이라는 의미의 액티브는 자유분방하고 역동적이며 편안하고 생동감 있는 이미지로, 개방적인 감각을 통해 표현된다. 액티브 이미지는 기능성만을 강조한 단순한 디자인부터 감각적인 패션 요소를 가미한 디자인까지 다양하게 연출할 수 있다.

(1) 스포티sporty

스포츠웨어의 기능성과 활동성을 강조하고 운동감을 표현하기 위해 밝고 강한 색 또는 대비되는 색을 사용하거나 특정 부위에 포인트를 넣어 활동적인 느낌을 좀 더 부각시킨 스타일이다. 캐주얼과 스포티가 결합한 캐주얼 스포츠, 스트리트 캐주얼과 스포티가 결합한 스트리트 스포츠 캐주얼 등이 있다.

(2) 마린marine

해군복 또는 해군 사관생도복의 세일러 칼라, 흰색과 파란색의 줄무늬 stripe 등을 응용한 발랄하고 경쾌한 이미지로 여름을 표현할 때 잘 어울리는 스타일이다.

(3) 사파리safari

사냥이나 탐험을 할 때 착용하는 복장을 응용하여 굵은 벨트, 에폴렛 epaulet(견장), 플랩포켓 등을 디자인의 요소로 가미한다.

2) 의상 제작 예시

액티브 이미지의 의상 제작 과정

01 액티브 이미지의 의상 제작에 필요한 재료를 준비한다.

02 망사와 부직포로 맞주름을 잡은 후 스테이플러로 고정시켜 치마를 만든다.

03 부직포를 동일한 간격으로 접은 후 스테이플러로 고정시켜 상의를 만든다.

04 치마와 같은 소재의 망사를 길게 잘라 여러 겹으로 겹쳐 꽃잎 모양의 장식을 만든다.

05 투명한 실에 공 모양의 재료를 끼워 귀걸이를 만든다.

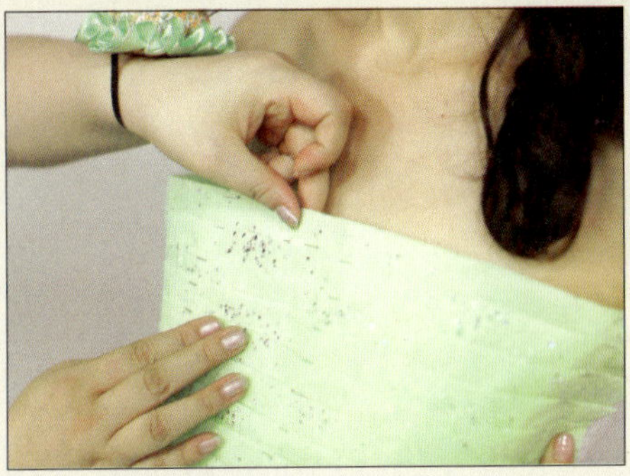

06 상의를 가슴의 중앙에 고정시킨다.

07 체형에 맞게 형태를 잡은 후 가슴 다트를 접어 옆선에 고정시킨다.

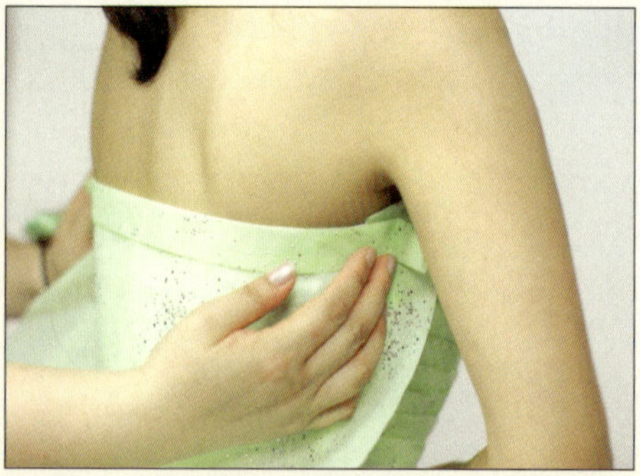

08 상의의 뒷면을 등에 고정시킨다.

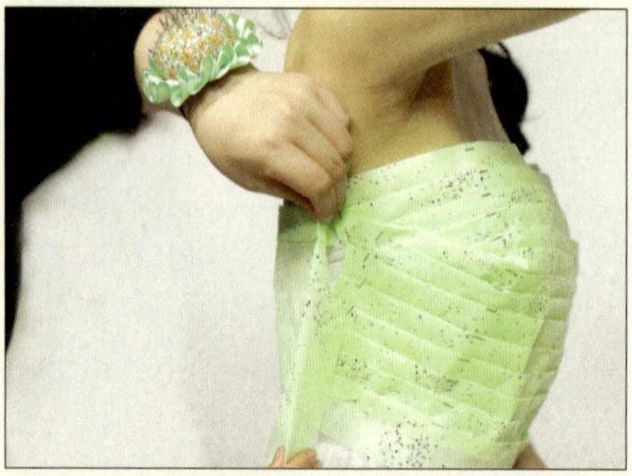

09 상의의 앞면과 뒷면을 옆선에서 연결하여 고정시킨다.

10 치마를 허리의 중앙에 고정시킨 후 빙 둘러 상의와 연결한다.

11 망사로 만든 꽃 장식을 상의에 고정시킨다.

12 투명 실에 끼워 만든 귀걸이를 착용한다.

13 액티브 의상의 완성된 뒷모습

14 액티브 의상의 완성된 앞모습

5. 에스닉 이미지의 패션 스타일

1) 의미와 특징

라틴어의 에스니커스ethnicus와 그리스어의 에스니코스ethnikos에서 유래한 에스닉은 '민족의', '민속적인' 이라는 의미 외에 이교도적이라는 뜻도 있다. 즉 서구 기독교 문화권의 시각에서 비기독교 문화권인 중동, 아시아 지방의 토속적인 이미지도 포함한다.

각 나라의 민속 의상, 종교 의상, 장신구와 특정 색상이나 문양을 모티브로 디자인하여 미지의 신비로움과 민족적인 전통 의상을 접목한 에스닉 스타일의 시작은 폴 푸아레Paul Poiret의 동양적 스타일로 밑단이 좁아지는 호블스커트hobble skirt, 중동 지방의 하렘팬츠harem pants, 이슬람의 미나렛 튜닉minaret tunic, 일본의 기모노kimono 스타일 등이 있다.

(1) 엑조틱exotic

이국적인 정서와 민속적인 것에 대한 신비로움이나 그에 대한 동경을 표현한 스타일로 서구적인 것과 비서구적인 것이 공존하는 양면성을 지니고 있다.

(2) 오리엔탈리즘orientalism

터키, 이집트, 페르시아, 인도, 한국, 중국, 일본 등의 신비하고 독특한 전통문화를 응용하여 디자인한다.

(3) 트로피컬tropical

열대 지방을 뜻하는 트로피컬 이미지는 이곳의 민속 의상을 모티브로 강렬한 색채와 특이한 식물의 잎이나 꽃무늬를 응용한 이국적 스타일이다. 하와이의 남자용 셔츠인 알로하셔츠aloha shirts와 한 장의 천으로 몸을 감싸는 여성용 민속 의상인 무무muumuu, 커다란 꽃무늬나 물고기 또는 나무 등이 프린트된 직사각형의 천을 엉덩이에 살짝 걸쳐 입는 남태평양 섬 여성들의 파레오 드레스pareo dress 등이 있다.

(4) 포클로어folklore

유럽의 기독교 문화권의 민속 의상으로 농민이나 인디언들의 옷차림처럼 소박하고 전원적이다.

2) 의상 제작 예시

에스닉 이미지의 의상 제작 과정

01 에스닉 이미지의 의상 제작에 필요한 재료를 준비한다.

02 부직포에 일정한 간격으로 절개선을 넣어 그 사이에 끈을 지그재그로 끼운다.

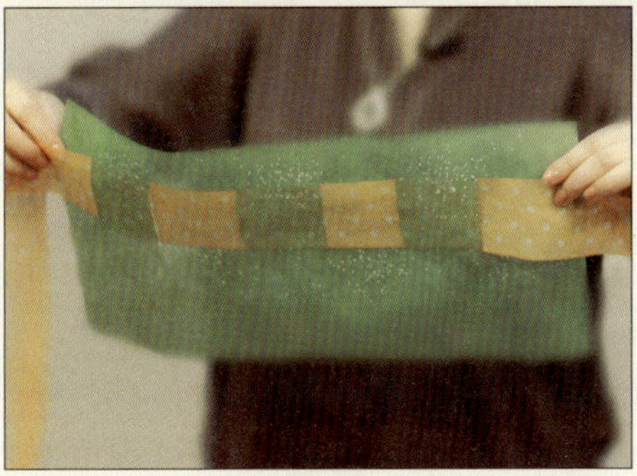

03 지그재그로 끼운 끈의 형태와 간격이 적당한지 확인한다.

04 적당한 형태와 간격에 맞춰 필요한 폭만큼 발끝까지 내려오는 원피스를 만든다.

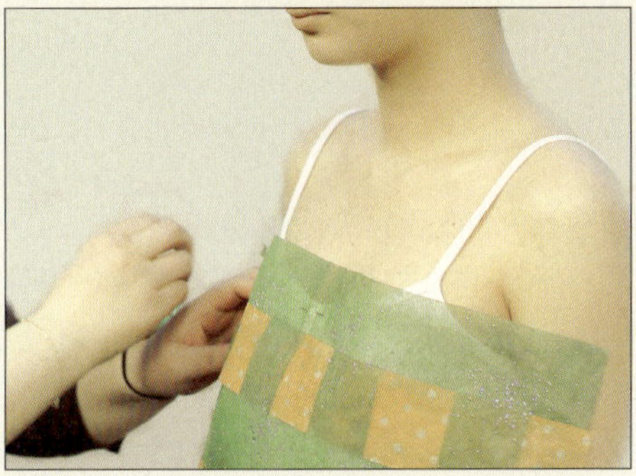

05 원피스의 앞면을 가슴에 고정시킨다.

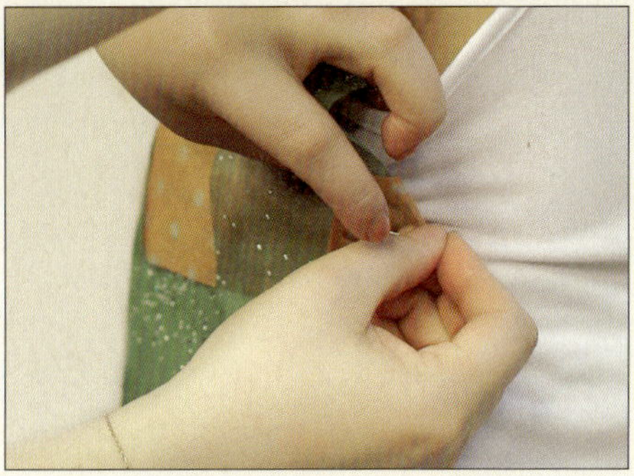

06 원피스의 옆선을 고정시킨다.

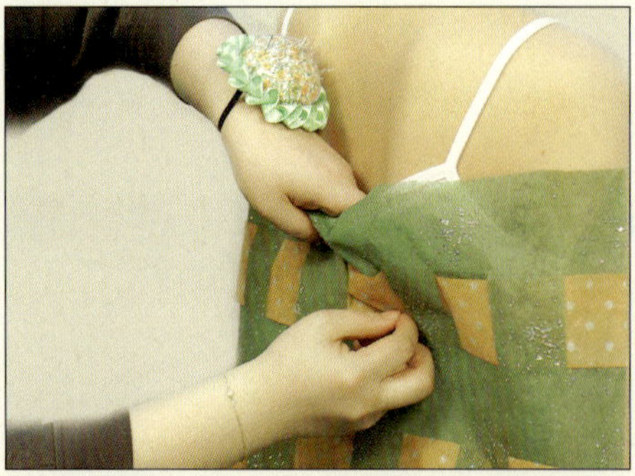

07 원피스의 뒷면을 등에 고정시킨다.

08 원피스의 앞면과 뒷면을 옆선에서 연결하여 고정시킨다.

09 아랫부분도 연결하여 고정시킨다.

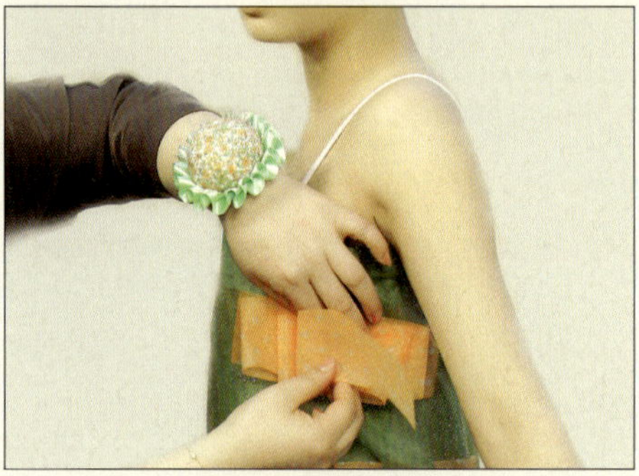

10 겨드랑이 아래의 길게 늘어진 끈을 원하는 디자인에 맞게 리본처럼 접어서 정리한다.

11 어깨끈을 만들어 원피스의 앞면과 뒷면에 연결한다.

12 머리에 사용한 달비를 원피스와 비슷한 색으로 준비한 후 팔에 묶어 포인트를 준다.

13 에스닉 의상의 완성된 옆모습

14 에스닉 의상의 완성된 앞모습

6. 매니시 이미지의 패션 스타일

1) 의미와 특징

남자 같다는 의미의 매니시는 클래식하고 중후한 남성복 디자인을 여성복에 적용한 깔끔하고 강한 이미지로, 제2차 세계 대전 이후 여성의 사회 진출과 남녀평등 의식이 확산되면서 나타났다. 테일러드 재킷과 바지, 드레스 셔츠, 넥타이 등을 활용한 초기 스타일은 이러한 시대상을 반영하기도 했으나 현시대에는 부드러운 여성미를 그대로 살리면서 강하고 당당한 남성미를 표현하여 여성미와 남성미를 동시에 느낄 수 있다.

(1) 댄디dandy

명사로는 멋쟁이, 형용사로는 훌륭하다 또는 멋지다는 의미의 댄디는 최고급 드레스 셔츠, 조끼, 슈트, 코트를 착용하여 격식을 중요시하는 이미지이다. 대표적인 아이템이 턱시도로 흰색과 검은색을 기본으로 사용하여 고급스럽고 섬세한 감각을 연출한다.

(2) 밀리터리military

군대를 의미하는 밀리터리는 육군army, 해군marine, 공군air force으로 분류되는데, 보통 밀리터리 스타일이라 하면 육군 스타일을 말한다. 기능성과 활동성을 위한 군복의 패치포켓patch pocket이나 에폴렛, 엠블럼emblem, 훈장, 금속 단추, 군화, 군모 등을 디자인에 응용한다. 딱딱한 군복 중에서 가장 로맨틱한 스타일인 트렌치코트trench coat, 몸통은 딱 맞고 밑단으로 내려갈수록 넓어지는 구소련 의장대의 라이딩코트riding coat 등이 있다.

(3) 앤드로지너스androgynous

남성을 뜻하는 앤드로스andros와 여성을 뜻하는 지나케아gynacea의 합성어인 앤드로지너스는 남성과 여성을 동시에 표현하는 양성적androgyny인 스타일이다.

2) 의상 제작 예시

매니시 이미지의 의상 제작 과정

01 매니시 이미지의 의상 제작에 필요한 재료를 준비한다.

02 직사각형의 부직포에서 길이가 긴 쪽을 1.5cm 접은 후 한쪽을 다시 사선으로 접는다.

03 다른 한쪽도 대칭이 되도록 접어 끝이 뾰족한 고깔 형태의 전통 장식인 잣을 완성한다.

04 원피스의 가슴 윗부분에 스테이플러로 잣을 고정시킨다.

05 잣과 동일한 부직포를 일정한 간격으로 접어 스테이플러로 고정시킨 후 정사각형으로 잘라 장식판을 만들고 잘린 부분은 러플 칼라로 사용한다.

06 클립을 연결하여 고리 형태를 만들어 귀걸이와 목걸이로 사용한다.

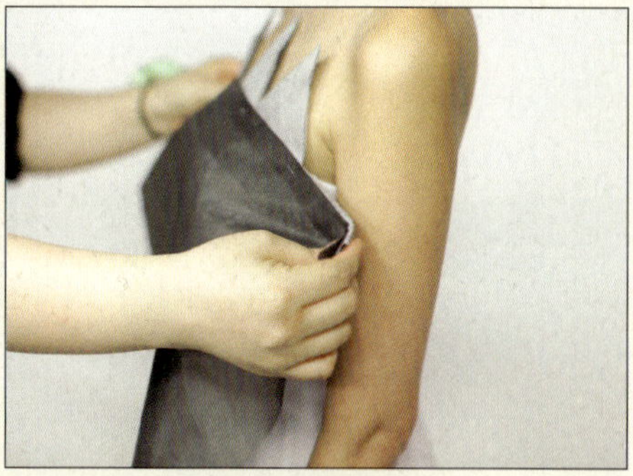

07 원피스의 앞면을 가슴 중앙에 고정시킨다.

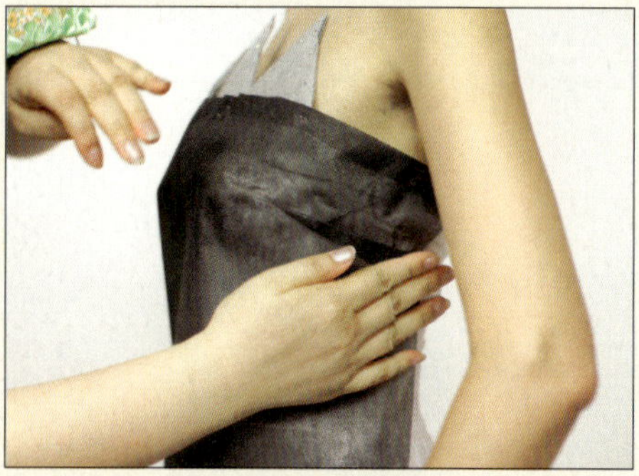

08 체형에 맞게 형태를 잡은 후 가슴 다트를 접어 고정시킨다.

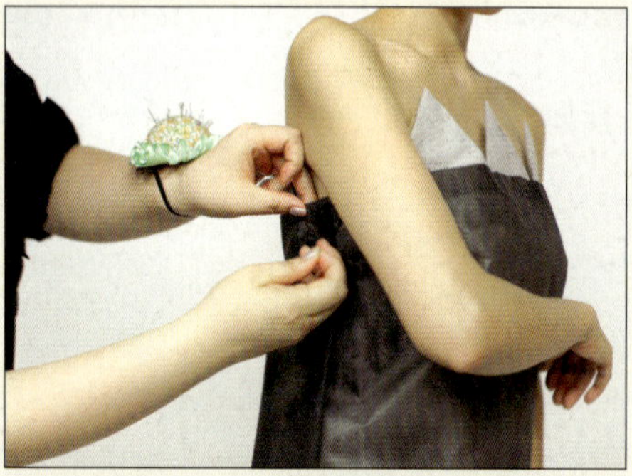

09 원피스의 앞면과 뒷면을 옆선에서 연결하여 고정시킨다.

10 장식판을 원피스 앞면의 중앙에 고정시켜 직선적인 이미지를 연출한다.

11 장식판에서 잘라 놓았던 조각을 러플 칼라 형태로 목에 장식한다.

12 클립으로 만든 귀걸이와 목걸이를 착용한다.

13 매니시 의상의 완성된 뒷모습

14 매니시 의상의 완성된 앞모습

7. 모던 이미지의 패션 스타일

1) 의미와 특징

단순하고 기하학적인 모던 이미지는 진보적, 기능적, 합리적 느낌으로 도회적인 감성을 표현한다. 미니멀리즘minimalism의 영향을 받아 장식성이 배제된 깔끔한 디자인과 단색을 사용하여 간결미를 추구하며, 파격적이고 실험적인 성향으로 전위적인 면도 지니고 있다. 무채색이나 흑백의 대비, 수직 · 수평 · 사선 등의 선을 응용한 구조적인 디자인을 통해 차갑고 냉철하며 이지적인 현대적 감각을 표현한다.

(1) 소피스티케이티드sophisticated

세련된, 정교한 또는 기교적이라는 의미의 소피스티케이티드는 도시적이고 세련된 감각을 표현한 이미지로, 지성과 교양을 중요시하는 전문직 여성들이 선호하며 새로운 유행을 적극적으로 수용하는 스타일이다.

(2) 여피yuppie

여피는 young urban professionals의 약자로 도시 근교에 거주하는 전문직 종사자들이 추구하는 스타일이다.

(3) 하이테크hightech

미래지향적 감각으로 최첨단 기술의 이미지를 표현한 스타일이다.

(4) 퓨처리즘futurism

미래 또는 가상 공간이나 우주 공간에 어울리는 스타일이다.

2) 의상 제작 예시

모던 이미지의 의상 제작 과정

01 모던 이미지의 의상 제작에 필요한 재료를 준비한다.

02 다양한 크기의 직사각형 부직포를 1.5~2cm 간격으로 일정하게 접어 부채 모양을 만든다.

03 부채의 중앙을 스테이플러로 고정시킨다.

04 2개 이상의 부채를 합칠 때는 스테이플러로 모양을 잡고 뒷면의 중앙을 글루건으로 고정시킨다.

05 원하는 디자인에 어울리도록 다양한 형태로 조합하여 여러 개를 만든다.

06 큰 것과 작은 것의 중심을 맞춰 글루건으로 붙여 머리 장식을 준비한다.

07 작은 부채가 중앙에 있는지 확인한다.

08 다양한 형태를 디자인에 맞춰 원피스의 앞면에 고정시킨다.

09 옆면으로 계속 이어 가면서 원하는 위치에 고정시킨다.

10 앞면과의 조화를 고려하면서 뒷면까지 동일하게 작업한다.

11 원피스의 밑단에는 언밸런스한 디자인으로 좀 더 단단히 고정시킨다.

12 준비해 놓은 머리 장식을 원하는 위치에 고정시킨다.

13 모던 의상의 완성된 뒷모습

14 모던 의상의 완성된 앞모습

8. 아방가르드 이미지의 패션 스타일

1) 의미와 특징

전위적이라는 의미의 아방가르드는 기성세대의 관념과 정통을 부정하거나 해체하여 새로운 것을 창조하려는 실험적 성향이 강한 이미지이다. 미래를 향한 창의적인 개척 정신으로 시대에 뒤떨어진 고루한 인습을 공격하고 항상 새로운 혁신을 꿈꾼다.

통일된 조화미보다는 불균형과 파괴의 미를 추구하여 독창적이고 기묘한 디자인을 선보이는 아방가르드는 비대칭 절단, 인체의 특정 부분 강조, 패치워크patchwork, 뒤집어 입기, 무늬나 액세서리 크기의 극단적 비약 등 독특한 기법으로 전위적인 이미지를 표현한다. 현란하고 기발한 색상, 비비드 톤이나 형광색 등의 화려한 색상, 강렬한 대비를 이루는 색상, 흰색과 검은색 같은 무채색을 사용하거나 혹은 색의 사용을 극도로 제한하기도 한다.

2) 의상 제작 예시

아방가르드 이미지의 의상 제작 과정

01 아방가르드 이미지의 의상 제작에 필요한 재료를 준비한다.

02 테일러드 재킷의 칼라 형태를 2가지 색으로 만들어 번갈아 가며 일정한 간격으로 겹쳐 스테이플러로 뒤에서 고정시킨다. 한 가지 색만 사용하여 하나를 더 만든다.

03 직사각형의 부직포를 4장 이상 겹쳐 부채 모양을 만들어 가운데를 스테이플러로 고정시킨 후 한 장씩 펼쳐 꽃 장식을 만든다. 앞면과 뒷면을 위해 2개를 제작한다.

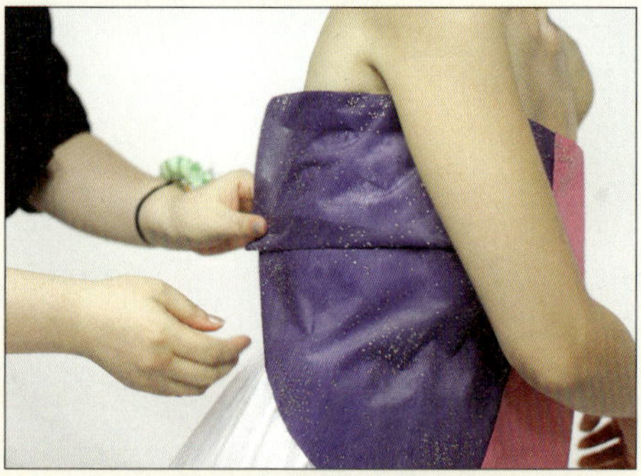

04 좌우가 다른 색으로 상의를 만들어 가슴에 고정시킨 후 옆선에 가슴 다트를 접어 넣는다.

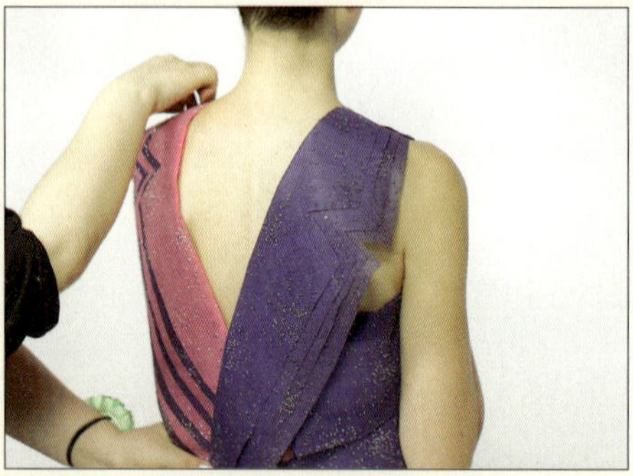

05 2가지 색의 칼라와 한 가지 색의 칼라를 각각 양 어깨에서부터 등으로 내려 상의 뒷면의 허리 중앙에 고정시킨다.

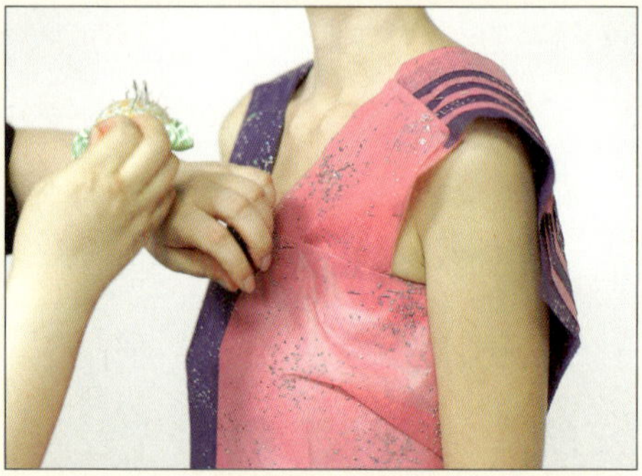

06 넓은 끈으로 양쪽 어깨의 칼라와 상의 앞면을 연결하여 고정시킨다.

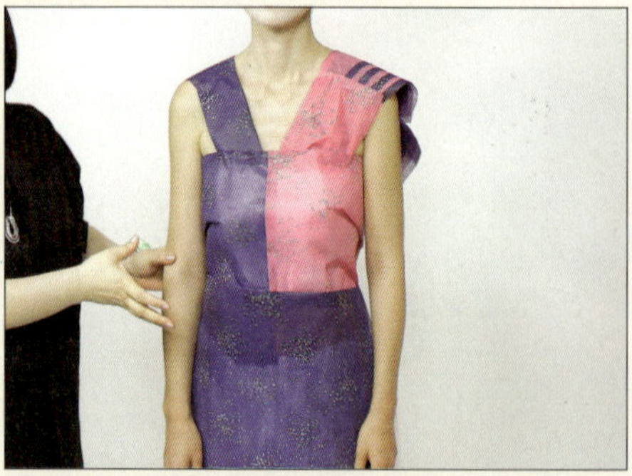

07 치마의 앞면과 상의의 앞면을 연결하여 고정시킨다.

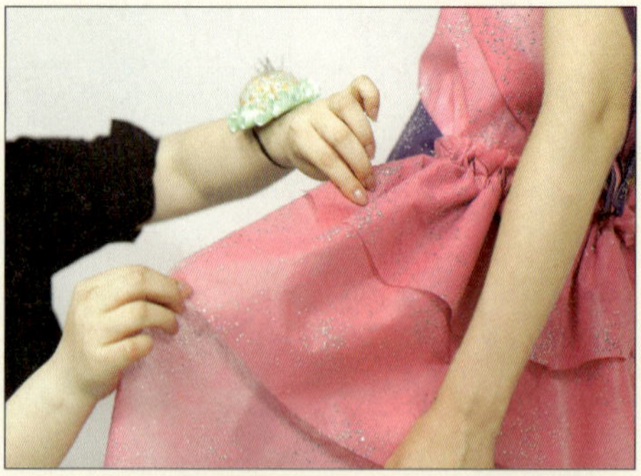

08 길이가 다른 부직포 3장을 층층이 겹쳐 허리를 홈질한 후 잡아당겨 주름을 풍성하게 잡아 치마의 뒷면을 만들어 앞면과 연결한다.

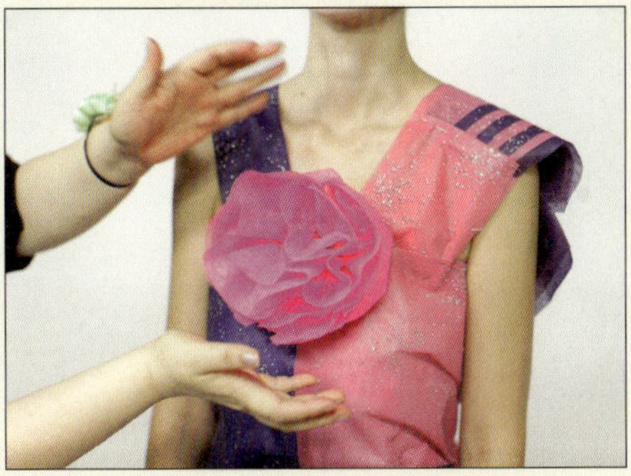

09 꽃 장식 한 개를 가슴의 중앙에 고정시킨다.

10 나머지 꽃 장식을 상의 뒷면의 허리 여밈 부분 중앙에 고정시킨다.

11 아방가르드 의상의 완성된 뒷모습

12 아방가르드 의상의 완성된 앞모습

9. 내추럴 이미지의 패션 스타일

1) 의미와 특징

자연 그대로를 뜻하는 내추럴은 편안하고 꾸밈없는 이미지로 천연 색상과 소재를 사용하여 친근하고 소박한 느낌을 준다. 자연스럽고 부드러운 실루엣을 통해 인위적이지 않은 편안함과 온화함을 제공하며, 은은한 색과 잔잔한 무늬로 차분한 느낌을 살려 자연미를 연출한다.

(1) 에콜로지ecology

생태계, 생태학이라는 의미의 에콜로지는 환경을 파괴하는 오염 요인들을 거부하고 자연 속에서 영감을 얻어 천연 재료를 주로 사용한다. 자연을 동경하여 자연 속으로의 회귀를 꿈꾸는 에콜로지 이미지는 가공된 느낌의 소재를 배제하여 편안한 분위기로 표현된다.

(2) 프리미티브primitive

원시적이라는 의미의 프리미티브는 태고의 순수함을 그대로 보여 주는 이미지이다. 낡고 퇴색된 듯한 색, 척박한 사막의 색, 아프리카를 상징하는 빨강 · 노랑 · 초록의 원색을 사용하여 힘찬 생명력과 함께 원시성을 강조한다.

2) 의상 제작 예시

내추럴 이미지의 의상 제작 과정

01 내추럴 이미지의 의상 제작에 필요한 재료를 준비한다.

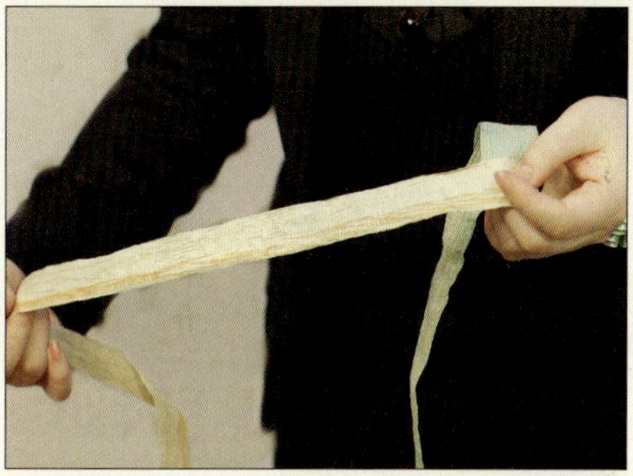

02 꼬여 있는 종이끈을 말끔하게 펼쳐 의상 소재로 활용한다.

03 사용할 색을 선택하여 펼쳐서 준비한다.

04 펼친 끈들을 교차시켜 엮은 후 풀로 붙이면서 원피스의 형태를 만든다.

05 凸자 형태로 모양을 완성하고 가장자리는 모두 길게 남겨 둔다.

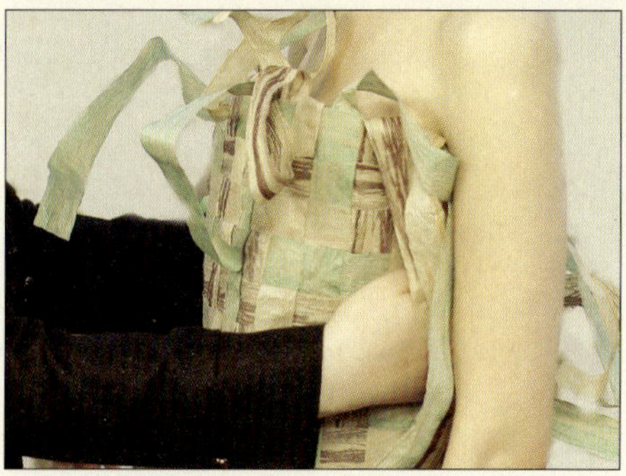

06 凸자 형태에서 위쪽의 중앙을 가슴에 고정시킨다.

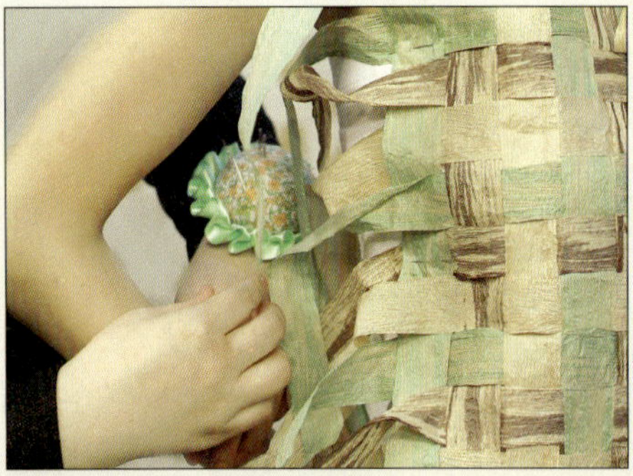

07 옆선을 고정시킨다.

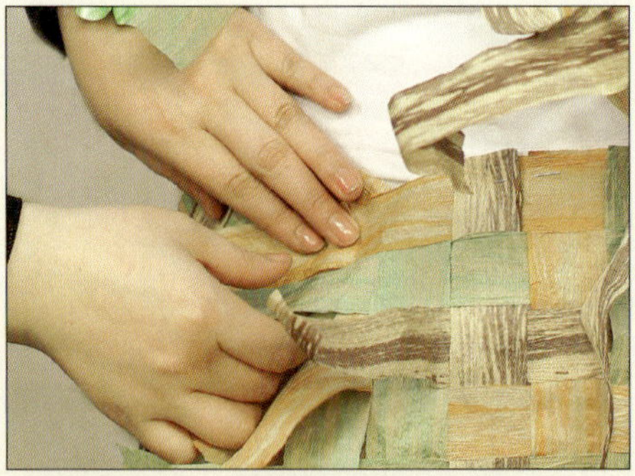

08 길게 남겨 둔 끈을 좌우로 일정하게 교차시켜 아래 치마 부분의 뒷면까지 고정시킨다.

09 가슴 부분에 남겨 둔 끝자락들을 꼬았다가 자연스럽게 풀리도록 하여 내추럴 이미지를 연출한다.

10 꼬인 부분을 자연스럽게 늘어뜨리거나 뒤로 넘겨 어깨와 목을 장식한다.

11 등부터 허리로 연결되는 부분의 남겨진 끈들도 꼬았다가 자연스럽게 풀리도록 한다.

12 허리의 아랫부분까지 고정된 끈의 끝을 꼬아서 자연스럽게 흘러내리도록 마무리한다.

13 내추럴 의상의 완성된 뒷모습

14 내추럴 의상의 완성된 앞모습

10. 웨딩 이미지의 패션 스타일

1) 의미와 특징

웨딩 이미지는 얼굴과 체형을 고려하여 신부를 최대한 아름답게 부각시켜야 하며 이와 함께 엄숙함과 신성함도 표현되어야 한다. 과거에는 허리나 가슴을 강조한 X자형 실루엣의 일반적인 웨딩드레스로 드레시한 느낌을 연출하는 경우가 대부분이었으나, 최근에는 신부와 신랑의 개성을 살리고 남들과는 다른 이미지를 추구하면서 전통적인 스타일을 벗어나 다양한 디자인을 선택하기도 한다.

2) 의상 제작 예시

웨딩 이미지의 의상 제작 과정

01 웨딩 이미지의 의상 제작에 필요한 재료를 준비한다.

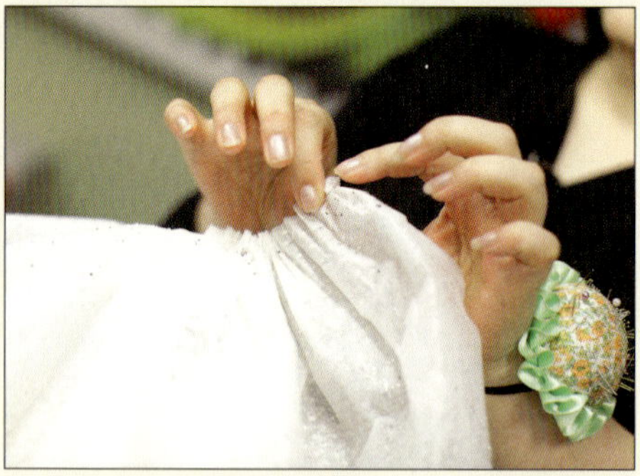

02 치마의 허리 부분을 홈질한 후 잡아당겨 주름을 풍성하게 잡는다.

03 직사각형의 부직포를 6장 이상 겹쳐 부채 모양으로 접고 중심을 스테이플러로 고정시킨 후 접은 부분을 한 장씩 펼쳐 풍성한 꽃 장식을 만든다.

04 상체의 앞면을 가릴 만큼의 폭을 불규칙적인 부채 모양으로 접어 주름을 잡고 양옆은 등을 충분히 가릴 수 있는 분량에 맞춰 잘라 상의를 만든다.

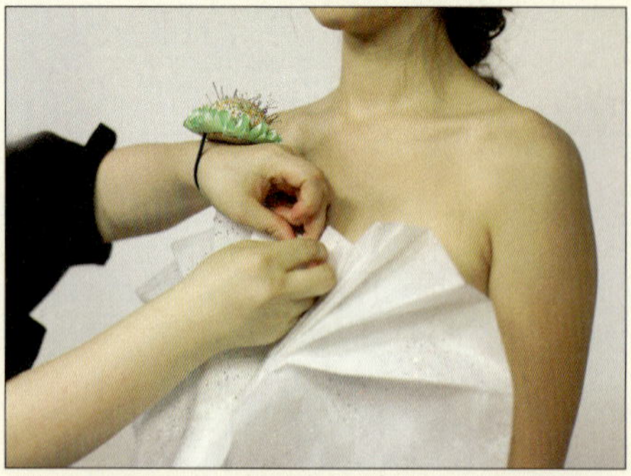

05 상의의 주름 부분을 가슴의 중앙에 고정시킨다.

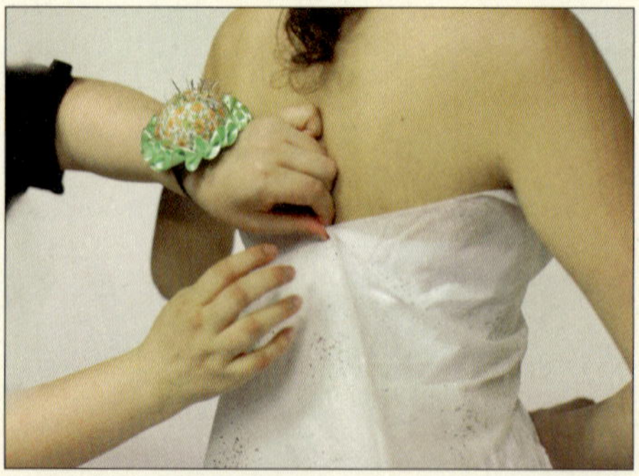

06 상의의 뒷면을 등에 고정시킨다.

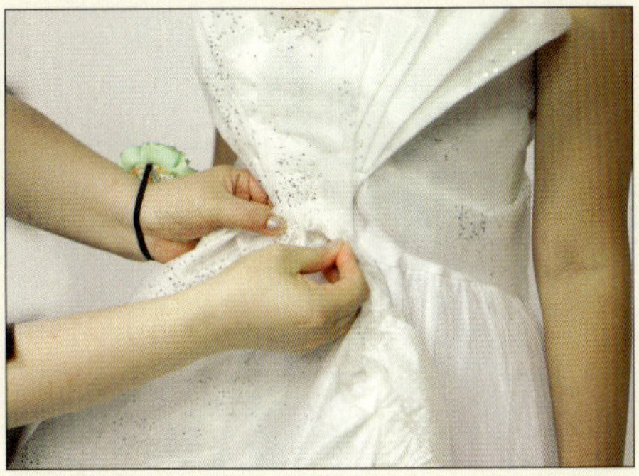

07 치마를 상의 앞면의 허리 중앙에 고정시킨다.

08 풍성한 볼륨을 표현하기 위해 치마를 여러 장 겹쳐 뒷면까지 모두 상의와 고정시킨다.

09 상의와 하의의 연결 부위를 주름 잡힌 허리끈으로 감싼다.

10 의상과 어울리는 꽃 장식을 선택하여 머리에 고정시킨다.

11 웨딩 의상의 완성된 뒷모습

12 웨딩 의상의 완성된 앞모습

CHAPTER 4

이미지별 액세서리의 이해

1. 기능적 액세서리
2. 장식적 액세서리

CHAPTER 04

이미지별 액세서리의 이해

액세서리는 전체적인 이미지 연출에 보조 역할을 하며, 그 역할에 따라 기능성을 강조한 기능적 액세서리와 미적인 요소 및 개성을 강조한 장식적 액세서리로 분류된다. 최근에는 이러한 특징들이 복합적으로 포함되며 이와 함께 용도와 목적, 디자인의 특성을 고려하면서 시대적 유행도 가미되어야 한다.

1. 기능적 액세서리

1) 가방bag

가방은 지갑, 손수건, 화장품, 기타 소지품을 담기 위한 실용적인 필수 아이템으로 최근에는 디자인의 전문화가 강조되는 추세이다. 크게 다음과 같이 구분하며 크기, 소재, 용도, 형태 등에 따라 다양한 종류가 있다.

- 정장용 가방 : 목적, 장소, 시간에 따라 소재와 디자인을 선택한다. 일반적으로 고급스러운 소재나 가죽을 사용한 중간 크기의 품위 있는 디자인이 잘 어울린다.
- 캐주얼 가방 : 물건을 넣고 보관하는 실용적인 목적으로 크기가 큰 숄더백의 형태가 많다. 장식보다는 계절에 맞는 소재의 디자인을 기준으로 선택한다.
- 여행용 가방 : 개성도 중요하지만 가볍고 튼튼한 내구성이 우선이므로 여행의 목적에 따라 슈트케이스, 트렁크, 보스턴백 등을 사용한다.
- 스포츠용 가방 : 다양한 스포츠가 생활화되면서 실용적인 기능성을 갖춘 세련된 디자인이 많이 쓰이고 있다.

(1) 더플 백 duffle bag

캔버스나 거친 모직으로 만들어 군인이 보행 시 들고 다니는 커다란 백이었으나 디자인이 다양해지면서 일반인들도 많이 사용한다.

(2) 벨트 백 belt bag

허리나 엉덩이 벨트에 탈부착이 가능하여 여행이나 작업 시 편리하다.

(3) 보스턴백 boston bag

직사각형의 바닥에 2개의 손잡이가 있으며 여행용이나 스포츠용으로 많이 사용된다.

(4) 비즈니스 백 business bag

가죽 소재에 주로 갈색이나 검은색 등 무채색 계열을 사용한 사무용 백으로, 최근에는 패션성과 개성이 가미된 다양한 디자인이 선보이고 있다.

(5) 새첼 백 satchel bag

손에 드는 작은 여행용 백을 말한다.

(6) 샤넬 백 chanel bag

디자이너 샤넬이 고안한 엔벨로프 백으로, 퀼팅quilting한 부드러운 고급 가죽을 소재로 금속 줄과 가죽 줄이 교차된 끈이 달려 있다.

(7) 세컨드 백 second bag

핸드백 속에 보조 수단으로 넣어 여러 물건을 따로 담아 소지할 수 있다.

(8) 숄더백 shoulder bag

어깨끈이 있는 백의 총칭으로, 디자인과 소재에 따라 다양한 이미지를 연출할 수 있다.

(9) 언더암 백 underarm bag

끈이 없이 겨드랑이에 끼는 납작한 형태이다.

(10) 엔벨로프 백 envelope bag

봉투envelope처럼 뚜껑이 있는 백을 말한다.

(11) 칵테일 백 cocktail bag

칵테일파티용으로 작고 화려하며 우아한 스타일이다.

(12) 캔톤 백 canton bag

밀짚이나 종려 등을 엮은 백으로, 염색하여 꽃이나 자수 등을 수놓아 화려하게 장식한다.

(13) 토트백tote bag

쇼핑을 위한 종이 봉지(페이퍼 백paper bag)가 원조로, 윗부분이 트이고 2개의 손잡이가 있어 손에 들 수 있는 크기가 큰 형태이다.

(14) 포셰트pochette

긴 끈이 있어 어깨에서 대각선으로 길게 메는 크로스 백으로 실용성과 장식성을 모두 갖추고 있다.

(15) 핸드백handbag

손에 들거나 팔에 걸치는 작은 백의 총칭이다.

2) 모자hat

모자는 추위나 더위로부터 머리를 보호하고 지위나 신분 또는 종교적 상징과 장식 등을 목적으로 착용한다. 이러한 기능적 역할은 물론 여러 소재와 형태의 디자인으로 패션 이미지를 완성함으로써 장식성까지 강조되는 격식 있는 액세서리이다. 모자의 주요 구조는 다음과 같으며 모양과 용도에 따라 다양한 종류가 있다.

- 크라운crown : 머리를 감싸는 모자의 윗부분으로, 톱 크라운top crown과 사이드 크라운side crown으로 나뉜다.
- 브림brim : 모자의 챙, 차양, 테를 가리키며 그 가장자리를 에징edging, 안쪽 면을 페이싱facing이라 한다.
- 헤드밴드headband : 크라운 내부의 아래에 가죽이나 직물로 두른 띠

를 말한다.

- 원 사이즈one size : 모자를 착용했을 때 머리 둘레가 되는 부분을 말한다.

모자의 구조

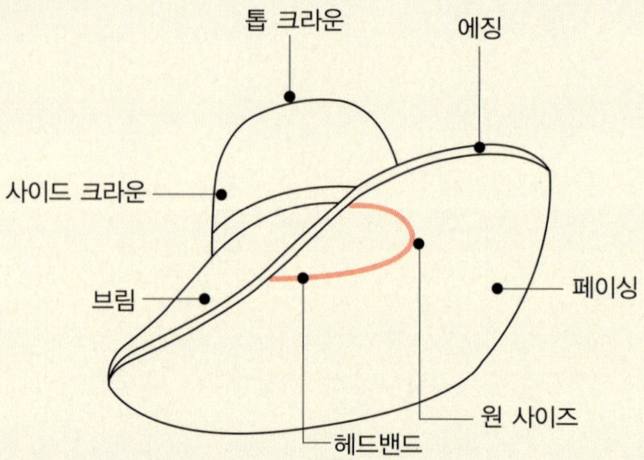

(1) 디어스토커deerstalker

트위드 등의 소재를 사용하며 양쪽에 귀덮개가 있다. 추리소설의 주인공인 셜록 홈즈가 애용한 스타일이다.

(2) 베레beret

살짝 눌러 쓰는 챙이 없는 모자로 원래는 울wool로 만들었으나 지금은 다양한 소재를 사용한다. 쓰는 방법이나 각도에 따라 다양한 이미지를 연출할 수 있다.

(3) 보닛bonnet

두건hood처럼 뒤에서 머리 전체를 감싸 가리고 이마와 얼굴이 드러나며, 턱 밑에서 끈을 묶는다. 브림이 있는 것과 없는 것이 있다.

(4) 브레톤 breton

프랑스 지방에서 애용된 것으로, 브림이 중간부터 끝까지 말려 올라간다.

(5) 세일러 햇 sailor hat

짧고 평평한 크라운에 빳빳한 브림이 위로 꺾여 수직으로 세워져 있다. 미국의 해군이 쓰는 모자 스타일을 말한다.

(6) 센터 크리스 center crease

중절모의 총칭으로 크라운의 가운데가 움푹하여 그 부분을 눌러 쓰는 신사용 모자이다.

(7) 와토 watteau

크라운이 납작한 밀짚모자로, 브림을 약간 앞으로 기울여 쓰고 넓은 리본을 턱 밑에서 묶어 고정시키기도 한다. 프랑스의 화가 와토Jean Antoine Watteau의 그림에 나오는 여인의 모자에서 유래하였다.

(8) 카노티에 canotier

브림이 수평으로 짤막하고 평평하며 크라운이 낮은 밀짚모자이다.

(9) 카스케트 casquette

앞쪽에만 짧은 브림이 있어 스포티한 이미지에 어울린다. 사냥이나 등산용 모자, 군모, 학생 모자 등이 카스케트의 변형된 스타일이다.

(10) 캐플린capeline

브림이 크고 넓어 파도치는 듯하며 크라운이 낮은 꼭 맞는 형태로, 장식성이 강하여 패션 이미지 연출에 편리하다.

(11) 캡cap

머리에 꼭 맞게 쓰는 형태의 모자를 말한다. 러시아의 코사크 기병들이 쓰던 코사크 캡Cossack cap, 아폴로 우주선 기지에서 쓰던 아폴로 캡Apollo cap, 사냥용의 헌팅 캡hunting cap, 미국 해군의 수병이 선상에서 쓰는 워치 캡watch cap, 야구선수가 쓰는 베이스볼 캡baseball cap, 시뇽 헤어스타일에 쓰는 시뇽 캡chignon cap이 있다.

(12) 쿨리 햇coolie hat

한 장의 펠트 소재로 만든 모자로, 중국의 노동자coolie가 쓰던 원추형의 삿갓과 비슷한 모양에서 유래하였다.

(13) 클로슈cloche

클로슈는 종을 뜻하는 프랑스어로, 크라운과 브림이 연결되어 끝으로 내려가면서 종 모양처럼 퍼진다. 눈썹 아래까지 푹 눌러 쓰며 펠트, 코듀로이, 면, 등의 소재를 많이 사용한다.

(14) 터번turban

길고 얇은 천을 여러 번 머리에 둘러 감아 머리를 장식한다. 색, 소재, 감는 방법에 따라 신분이나 부족 등을 나타낸다.

(15) 토크 toque

브림이 없는 둥글고 크기가 작은 모자로 머리에 꼭 맞게 쓴다. 깃이나 베일로 장식을 한다.

(16) 페즈 fez

터키나 이집트 또는 일부 이슬람 국가에서 남자들이 쓰는 원통형의 빨간색 모자이다.

3) 신발 shoes

신발은 내구성과 보온성 등 기능성을 기본으로 갖추고 여기에 장식적 디자인도 중요시하면서 다양한 소재와 색상을 활용하여 패션 이미지를 연출하는 데 큰 역할을 한다.

- 슈즈shoes : 발등을 덮는 폐쇄형 신발이다.
- 부츠boots : 발목 위로 길게 올라오는 신발이다.
- 슬립온 슈즈slip-on shoes : 끈이 없고 입구가 얇아 신고 벗기 편한 신발이다.
- 샌들sandal : 오픈된 디자인으로 발 모양이 드러나는 신발이다.

(1) 레이스업 부츠 lace-up boots

앞이나 옆에서 끈으로 묶는 세련된 디자인으로 개성 있는 이미지를 연출할 수 있다.

(2) 웨스턴 부츠 Western boots

미국의 서부 개척시대에 카우보이가 신었던 부츠로(카우보이 부츠), 문양을 넣거나 장식용 가죽을 꿰매 붙인다.

(3) 니하이 부츠 knee-high boots

방한 기능과 장식성을 함께 갖춘 무릎까지 오는 부츠이다.

(4) 앵클부츠 ankle boots

길이가 발목을 가릴 정도여서 방한용으로 좋으며 비가 올 때 유용하다.

(5) 부티 bootee

발목까지 오는 부츠를 말한다.

(6) 모카신 moccasin

인디언이 신었던 굽이 없는 편편한 신발로, 소박하고 자연스러운 이미지를 연출할 수 있다.

(7) 뮬 mule

앞은 막히고 뒤는 뚫린 형태로 원래는 실내화였으나 외출용으로 신기 시작하면서 백리스 샌들backless sandal 또는 슬리퍼slipper라고도 한다.

(8) 스니커 sneaker

발소리가 나지 않게 고무창을 붙인 신발로, 캠퍼스 슈즈campus shoes라고도 하며 색상 · 소재 · 디자인이 다양하다.

(9) 태슬 슈즈 tassel shoes

술 장식이 달린 신발로 슬립온 슈즈에서 많이 볼 수 있어 태슬 슬립온 슈즈라고도 하며, 태슬 모카신이라고도 부른다.

(10) 옥스퍼드 슈즈 Oxford shoes

발등에서 끈으로 조여 묶어 캐주얼하고 스포티한 이미지를 연출할 수 있다.

(11) 햅번 샌들 Hepburn sandal

앞이 트이고 뒤가 낮은 심플한 디자인으로 영화 사브리나에서 여배우 오드리 햅번Audrey Hepburn이 신은 데서 유래하였다.

(12) 사보 sabot

사보는 나막신을 뜻하는 프랑스어로, 전체가 목제인 것과 부분적으로 가죽인 것이 있다.

(13) 몽크 스트랩 monk strap

옥스퍼드 슈즈에 끈이 없고 벨트와 버클이 달린 스타일이다.

(14) 펌프스 pumps

드레스 슈즈와 여성 정장 구두의 대표적인 신발로, 굽의 변화에 따라 디자인을 다양하게 변화시킬 수 있다.

(15) 콤비네이션 슈즈 combination shoes

서로 다른 색이나 소재를 조합하여 디자인한 구두를 말한다.

4) 넥웨어neckwear

넥웨어는 목 주위에 착용하는 액세서리의 총칭으로 보온과 보호의 기능성도 있지만 얼굴이나 이미지에 변화를 주는 장식적 역할도 한다.

(1) 넥워머neck warmer

2003년 미국의 디자이너 릭 오웬스Rick Owens가 디자인한 넥워머는 비스듬하게 한쪽 어깨를 덮고 느슨하게 늘어뜨리는 스타일로, 도넛처럼 이어져 있어 다른 넥웨어에 비해 흘러내리지 않는 것이 장점이다.

(2) 넥타이necktie

17세기 후반의 크라바트cravat가 기원인 넥타이는 프랑스의 루이 14세 왕에 의해 유행되었으며, 오늘날 남성 정장의 필수 아이템으로 폭과 길이가 유행에 따라 변화한다. 일반적인 스타일의 포인트 타이, 끝이 사각으로 처리된 스퀘어 타이, 나비 모양의 보타이 또는 버터플라이 타이, 리본으로 묶어 끝을 길게 늘어뜨리는 리본 타이 등이 있다. 보통 2~3조각의 천을 재봉하여 제작되는 넥타이는 쓰리피스 타이가 투피스 타이보다 품질이 좀 더 좋다.

(3) 머플러muffler

스카프나 스톨과 같은 종류이나 주로 방한용으로 사용되기 때문에 두꺼운 소재나 니트로 만든다. 남녀 모두 사용하며, 최근에는 후드가 연결된 후드 머플러가 젊은 층에서 애용되고 있다.

(4) 숄shawl

어깨를 덮어 보온성과 장식성을 동시에 갖춘 숄은 직사각형, 타원형,

삼각형 등 다양한 형태가 있으며 대부분 가장자리에 장식이 달려 있다.

(5) 스카프 scarf

계절, 용도, 가격에 따라 여러 소재로 제작되는 스카프는 장식성이 강조될 경우 사계절용으로 디자인되고, 보온성이 강조될 때는 간절기용이나 겨울용으로 만든다. 귀여운 이미지 연출 시 목에 한 번 감을 수 있는 미니 스카프, 가장 보편화되어 있는 사각 스카프는 그 크기에 따라 매는 방법과 연출할 수 있는 이미지도 다양하다. 롱 스카프는 성숙한 이미지를 연출할 수 있어 고급 소재를 많이 사용한다.

(6) 스톨 stole

스카프와 거의 동일한 의미로 사용되는 스톨은 길이가 길고 폭이 좁으며 양쪽 끝에 태슬 장식을 하기도 한다. 이브닝드레스 등 미적 요소가 중요시되는 차림에서는 장식성을 강조하여 연출한다.

5) 벨트 belt

단순히 옷을 고정시키기 위해 착용했던 허리끈인 벨트 역시 기능성과 함께 이제는 장식성도 강조되어 디자인의 전문화와 소재의 고급화를 통해 유행에 민감한 아이템으로 자리 잡고 있다.

(1) 스트레이트 벨트 straight belt

허리선 위치에 매는 가장 기본적인 벨트로 튼튼한 소재를 사용한다.

(2) 로슬렁 벨트 low-slung belt

허리 아래에 헐렁하게 걸치는 형태로 H 라인의 롱 코트나 원피스에 걸치는 힙본 벨트hipbone belt와 유사하다.

(3) 새시 벨트sash belt

부드러운 천으로 주름을 잡아 버클로 고정시킨 벨트로 여러 겹을 두르기도 한다.

(4) 커머번드 벨트cummerbund belt

새시 벨트의 일종으로 폭이 넓고 꼭 맞는 형태이다. 남성 예복인 턱시도에 사용된다.

(5) 브레이디드 레더 벨트braided leather belt

가죽끈을 쇠사슬 모양이나 새끼줄 모양으로 꼬아서 만든 벨트이다.

(6) 셀프 벨트self belt

코트나 재킷 등의 소재에 맞춰 동일한 소재로 만든 벨트이다.

(7) 마틴게일 벨트martingale belt

코트나 재킷의 뒷부분에 있는 벨트를 말한다.

(8) 체인벨트chain belt

금속이나 플라스틱 등을 연결하여 만든 것으로 기능성보다는 장식성을 강조한 벨트이다.

(9) 코르셋 벨트corset belt

허리선을 가늘게 조이는 코르셋을 변형한 벨트로 폭이 넓으며, 보통 앞쪽 중앙에 레이스나 버클이 달려 끈으로 연결하게 되어 있다.

(10) 웨스턴 벨트western belt

폭이 넓은 가죽 벨트에 커다란 장식 버클을 고정시킨 것으로, 웨스턴 부츠와 잘 어울린다.

6) 장갑glove

손을 보호하기 위한 장갑은 격식을 차려야 하는 자리에서는 꼭 착용해야 하는 액세서리로 사용되었으나 최근에는 용도와 목적에 따라 다양한 소재와 디자인이 사용되고 있다.

(1) 슬립온slip-on

장식이 없이 손목 부분까지 바로 끼는 장갑을 말한다.

(2) 쇼티shortie, shorty

손목까지 오는 짧은 길이의 장갑으로 슬립온 형태이나 단추가 달려 있다.

(3) 미튼mitten

벙어리장갑을 말하며 방한성이 뛰어나다.

(4) 하프 미트half mitt

손가락의 끝부분을 잘라 손끝이 노출되는 장갑이다.

(5) 곤틀릿gauntlet

손목 부분이 넓은 장갑의 총칭으로 넓은 손목 부분에는 장식이 있다.

(6) 엘보우 곤틀릿elbow gauntlet

팔꿈치까지 오는 곤틀릿으로 드레스에 많이 사용된다.

(7) 암 랭스arm length

칵테일드레스나 이브닝드레스용으로 팔 위까지 오며, 부드럽고 우아한 소재를 사용한다.

2. 장식적 액세서리

기능성과 관계없이 아름다움과 개성을 표현하기 위해 착용하는 장식적 액세서리는 인간의 신체 장식 욕구를 반영하고 있다. 파인 주얼리fine jewelry는 고가의 보석이나 귀금속으로 만든 액세서리로서 투자의 개념으로 구입하며, 코스튬 주얼리costume jewelry는 패션성을 강조한 패션 주얼리fashion jewelry로서 합리적인 가격에 맞춰 실용적인 소재로 디자인된다. 파인 주얼리와 패션 주얼리의 교량 역할을 하는 것으로 중가 주얼리인 브릿지 주얼리bridge jewelry가 있다.

1) 목걸이necklace

(1) 초커choker

목에 딱 맞는 목걸이로 한 번 목에 감을 수 있을 정도의 33~40cm 길이가 일반적이다.

(2) 프린세스princess

40~46cm로 초커보다 길고 쇄골 바로 아래쯤에 내려오는 가장 일반적

인 길이이다.

(3) 마티네 matinee

50~61cm 길이로 가슴의 위아래 정도에 내려온다. 같은 크기의 구슬을 길게 연결한 스타일이 대표적이다.

(4) 오페라 opera

71~81cm로 가슴 아래 배꼽 정도의 길이이다.

(5) 로프 rope

81cm 이상으로 가장 긴 목걸이라 할 수 있으며 여러 겹 감아서 사용한다.

(6) 리비에르 riviére

프랑스어로 강을 뜻하며 다이아몬드 보석으로 여러 줄을 이룬다.

(7) 참스트링 charm string

금이나 진주를 줄에 달아 연결한 목걸이를 말한다.

(8) 소투아르 sautoir

목에 여러 번 감는 스타일로 길이가 길다.

(9) 펜던트 pendant necklace

목걸이 줄에 보석이나 시계 등을 매달아 늘어뜨리는 스타일을 말한다.

2) 귀걸이earring

(1) 버튼형 귀걸이button

귓불에 밀착되어 달라붙는 스타일을 말한다.

(2) 후프형 귀걸이hoop

귓불을 감싸는 고리형 스타일로 앞뒤 좌우 어디서나 디자인을 볼 수 있다.

(3) 드롭형 귀걸이drop

아래로 늘어지는 스타일로 흔들리는 움직임 때문에 화려하면서도 여성적인 느낌이다.

(4) 태슬형 귀걸이tassel

가는 금속과 장식을 술 모양으로 늘어뜨리는 스타일을 말한다.

목걸이와 귀걸이 외에 반지, 팔찌, 브로치 등도 주요 장식적 액세서리로 많이 사용된다. 다음은 각 이미지별로 잘 어울리는 액세서리 연출의 예시이다.

| 그림 4-1 | 로맨틱 이미지의 액세서리 예시

| 그림 4-2 | 엘레강스 이미지의 액세서리 예시

| 그림 4-3 | 클래식 이미지의 액세서리 예시

| 그림 4-4 | 액티브 이미지의 액세서리 예시

| 그림 4-5 | 에스닉 이미지의 액세서리 예시

| 그림 4-6 | 매니시 이미지의 액세서리 예시

| 그림 4-7 | 모던 이미지의 액세서리 예시

| 그림 4-8 | 아방가르드 이미지의 액세서리 예시

자연의
소재와
편안하고
소박한 이미지
선택

| 그림 4-9 | 내추럴 이미지의 액세서리 예시

고귀하고
우아하며
사랑스러운
이미지 선택

| 그림 4-10 | 웨딩 이미지의 액세서리 예시

CHAPTER 5

이미지별 메이크업의 이해

1. 로맨틱 이미지의 메이크업 스타일
2. 엘레강스 이미지의 메이크업 스타일
3. 클래식 이미지의 메이크업 스타일
4. 액티브 이미지의 메이크업 스타일
5. 에스닉 이미지의 메이크업 스타일
6. 매니시 이미지의 메이크업 스타일
7. 모던 이미지의 메이크업 스타일
8. 아방가르드 이미지의 메이크업 스타일
9. 내추럴 이미지의 메이크업 스타일
10. 웨딩 이미지의 메이크업 스타일

CHAPTER 05

이미지별 메이크업의 이해

메이크업makeup은 패션의 이미지와 색에 따라 매우 다양하게 표현할 수 있다. 3장에서 다루었던 이미지와 스타일에 맞는 실제 상황의 예시를 통해 그에 맞는 메이크업 스타일을 이해하고 그 과정을 살펴보겠다.

1. 로맨틱 이미지의 메이크업 스타일

1) 메이크업 스타일링

낭만적이고 여성스러운 이미지이므로 신비로움을 느낄 수 있도록 환상적인 배색과 부드러운 파스텔pastel 색상을 주로 사용한다. 베이스는 꾸미지 않은 순수함과 화사하면서 생기발랄한 소녀의 분위기를 강조하기 위해 복숭아빛이 도는 분홍색 계열로 깨끗하고 화사한 피부 톤을 연출한다.

(1) 눈

다양한 파스텔 톤으로 환상적이고 신비롭게 표현하며 반짝이는 펄pearl

을 사용하면 신비감을 더할 수 있다. 분홍색 · 보라색 등의 아이섀도eye shadow와 진하지 않은 아이브로펜슬eyebrow pencil, 아이라이너eye liner 등으로 눈매를 살린다.

(2) 입술

달콤한 과일 향이 느껴지는 오렌지색이나 분홍색 계열의 립글로스lip-gloss를 활용하여 반짝반짝 빛이 나는 사랑스러운 입술로 연출한다.

(3) 볼

여성스럽고 수줍은 소녀의 이미지를 부각시키기 위해 블러셔blusher를 눈 가까이까지 표현하여 혈색이 느껴지게 하고, 복숭아빛의 분홍색 계열이나 오렌지색 계열로 볼 중앙에 한 번 더 포인트를 넣어 귀여운 이미지를 살린다.

2) 메이크업 스타일링 예시

화장품의 광고 촬영 이미지로, 동화 속 소녀의 사랑스럽고 낭만적인 느낌을 연출한다. 순수하고 요정 같은 분위기를 위해 레드red, 옐로레드yellow red, 옐로그린yellow green 등을 주조색으로 선택하는데, 이때 부드러운 파스텔 톤의 튀지 않는 색감을 사용한다.

로맨틱 이미지의 메이크업 스타일링 예시

- 섬세하고 귀여운 피치핑크, 핑크, 옐로로 부드럽게 그러데이션을 적용한다.
- 블러셔를 충분히 바르고 입술에 광택을 넣어 촉촉함과 볼륨감을 연출한다.

로맨틱 이미지의 메이크업 과정

01 복숭아색과 분홍색 톤의 베이스로 화사한 피부를 연출하고 펄이 들어간 베이지 톤의 베이스로 T-zone과 V-zone에 하이라이트highlight를 표현한다.

02 옐로레드, 피치핑크peach pink 등의 화사한 아이섀도를 선택한다.

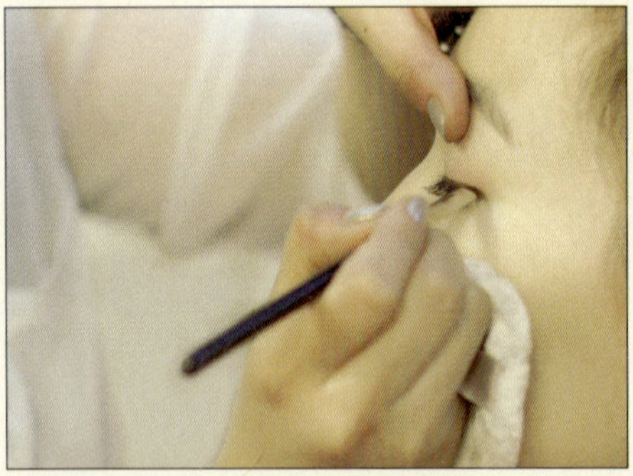

03 눈꼬리 쪽에 아이섀도를 자연스럽게 바른다.

04 옐로와 옐로그린의 아이섀도를 선택한다.

05 눈 앞머리를 옐로와 옐로그린 등으로 밝게 표현한다.

06 갈색으로 눈썹 형태를 살리되 약간 짧고 두꺼운 일자형으로 그린다.

07 완성된 눈썹 형태이다.

08 뷰러를 사용하여 속눈썹에 컬curl을 충분히 만든 후 검은색 마스카라를 꼼꼼히 바른다. 필요에 따라 눈매에 맞는 인조 속눈썹을 붙여 풍성함을 더한다.

09 블러셔는 레드와 레드퍼플red purple 브라이트 톤bright tone을 이용하여 광대뼈 중앙을 중심으로 동그랗고 넓게 펴 발라 귀엽고 수줍은 소녀의 이미지를 부각시킨다.

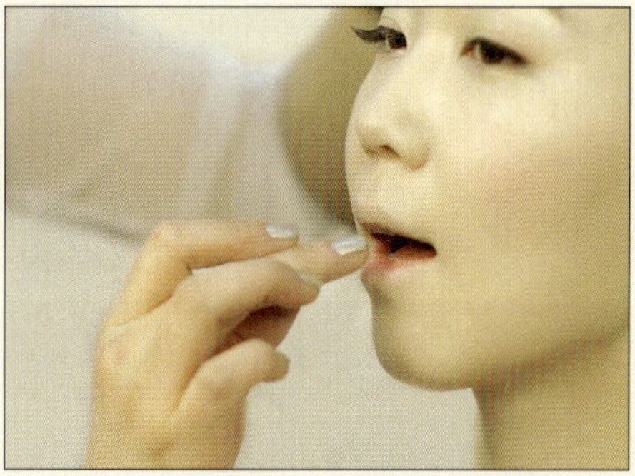

10 소량의 투명 립글로스나 립밤lip balm을 손가락으로 톡톡 치듯이 발라 촉촉한 입술을 만든다.

11 연한 분홍색이나 복숭아색 계열의 글로스를 사용하면 촉촉하고 사랑스러운 느낌을 표현할 수 있다.

12 로맨틱 메이크업의 완성된 모습

2. 엘레강스 이미지의 메이크업 스타일

1) 메이크업 스타일링

여성의 아름다움을 우아하게 연출하는 스타일로, 화려하고 다양한 색을 쓰기보다는 원 포인트one point 메이크업으로 깔끔하고 단아하게 표현한다. 고상하고 흐트러짐 없는 깔끔함이 특징이므로 피부는 차분한 느낌을 주기 위해 무광matt으로 부드럽고 무난하게 표현하며 분홍색이나 베이지 톤으로 화사하고 밝게 연출한다.

(1) 눈

우아한 눈매를 위해 눈썹은 부드럽게 둥글리면서 길게 회갈색의 아치형으로 그린다. 아이섀도는 빨간색, 자주색, 포도주색, 로즈브라운 계열을 활용하여 깊이 있고 그윽하게 표현한다.

(2) 입술

정확한 입술 표현을 위해 자주색, 보라색, 갈색 등의 포인트 컬러를 사용하고 입술 선을 그대로 살려 산호색, 인디언핑크, 포도주색 계열로 우아함과 여성스러움을 강조한다.

(3) 볼

성숙한 분위기를 내기 위해 블러셔를 사선 방향으로 하여 얼굴 윤곽을 감싸듯이 바른다.

2) 메이크업 스타일링 예시

주름 장식을 이용한 우아하고 격조 있는 의상에 맞는 이미지로, 위엄이 있으면서도 부드러운 여성의 아름다움을 표현하기 위해 레드와 레드퍼플 등을 사용하고 딥 톤deep tone, 덜 톤dull tone, 라이트 그레이시 톤light grayish tone 등으로 기품과 품위를 살린다.

엘레강스 이미지의 메이크업 스타일링 예시

- 피부는 다소 어둡게 태닝한 느낌으로 연출한다.
- 자주색 계열로 그윽하고 깊이 있는 눈매를 만든 후 아이라이너로 선명하게 마무리한다.

엘레강스 이미지의 메이크업 과정

01 엘레강스 이미지의 메이크업에 필요한 재료 및 도구와 컬러칩을 준비한다.

02 피부보다 반 톤 정도 밝게 준비하고 분홍색 계열의 파우더로 화사함을 더한다. 고급스러움을 연출하기 위해 매끈하면서 약간 매트한 피부 표현에 중점을 둔다.

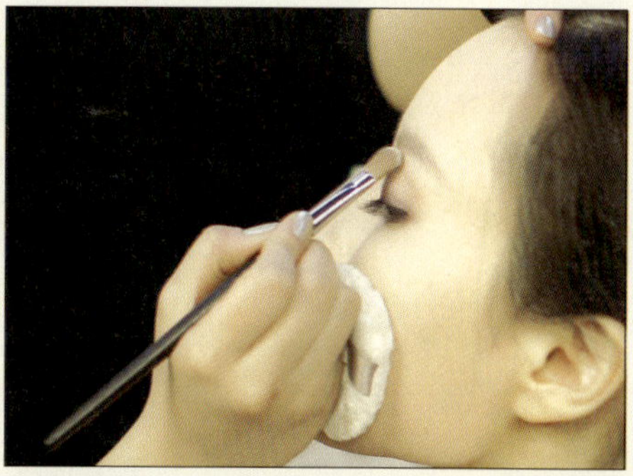

03 아이홀eyehole 부분을 중심으로 라이트 그레이시 톤, 딥 톤의 레드와 레드퍼플의 아이섀도를 고르게 펴 바른다.

04 아이라인 쪽에 진한 색의 아이섀도를 다시 한번 그러데이션gradation하여 깊이 있는 눈매를 표현한다.

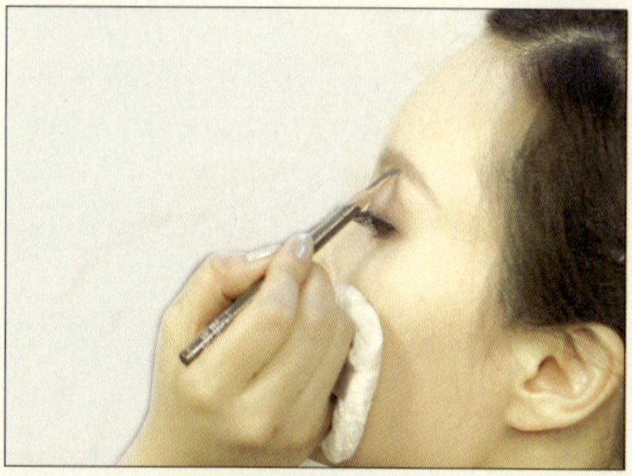

05 갈색으로 눈썹을 둥굴리면서 길게 그린다.

06 눈매를 따라 길게 빼듯 검은색 아이라인을 그리고 레드퍼플의 딥 톤으로 선을 그러데이션 처리하여 그윽한 눈매를 만든다.

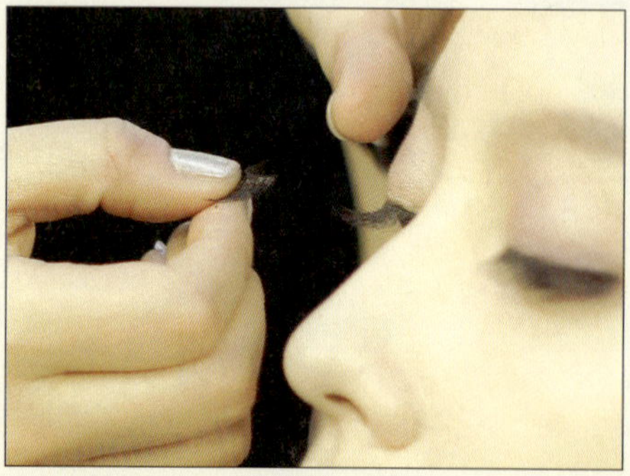

07 눈꼬리 쪽이 긴 인조 속눈썹을 붙여 깊고 풍성한 눈매를 연출한다.

08 라이트 톤의 레드 계열을 준비한다.

09 사선 방향으로 얼굴 윤곽을 감싸듯이 블러셔를 발라 성숙한 이미지를 연출한다.

10 라이트 톤light tone의 옐로레드로 입매를 또렷하게 잡아 주고 라이트 그레이시 톤의 레드와 립글로스를 입술 중앙에 발라 볼륨을 더한다.

11 엘레강스 메이크업의 완성된 옆모습

12 엘레강스 메이크업의 완성된 앞모습

3. 클래식 이미지의 메이크업 스타일

1) 메이크업 스타일링

클래식 이미지는 고급스럽고 정갈한 고전적 느낌이므로 메이크업 역시 전형적이고 기품 있게 연출한다. 정교한 기법과 동색의 배색으로 전체적인 균형이 조화롭게 이루어지는 메이크업 스타일이 적합하여 갈색과 와인색 계열이 잘 어울린다.

동서양을 막론하고 공통적으로 흰 피부에 붉은 입술과 불그스름한 볼이 특징이며, 고혹적인 청동빛의 시머shimmer한 눈 화장을 보라색과 부드럽게 매치하고 눈썹을 고동색으로 진하고 풍부하게 표현하는 것이 포인트이다. 자연스럽고 차분하되 중후한 멋도 함께 강조하기 위해서는 입체감 있는 피부 표현이 중요하므로 베이지의 파운데이션으로 하이라이트를 넣어 밀도감 있게 연출한다. 블러셔로 윤곽을 뚜렷이 드러내면 고전적인 이미지를 강조할 수 있다.

(1) 눈

풍부한 색감으로 깊이 있게 표현하기 위해 세련된 갈색 계열로 자연스럽게 그러데이션 효과를 주고 표준형의 눈썹과 아이보리, 갈색, 포도주색 계열로 포인트 눈매를 완성한다.

(2) 입술

지성미가 느껴지는 매트한 갈색, 포도주색, 자주색 등으로 귀족적이고 이지적인 이미지를 표현한다.

(3) 볼

분홍색이 가미된 갈색 계열의 블러셔로 광대뼈를 따라 눈과 입술을 자연스럽게 연결한다.

2) 메이크업 스타일링 예시

가을을 겨냥한 메이크업 제품의 카탈로그 제작을 위한 사진 촬영 이미지로, 옐로레드와 레드를 사용한다. 그레이시 톤, 덜 톤, 딥 톤 등으로 우아하고 고상한 느낌을 연출하여 가을의 깊이 있는 이미지를 완성한다.

클래식 이미지의 메이크업 스타일링 예시

- ♥ 갈색 계열로 깊이 있는 이미지를 연출한다.
- ♥ 두세 가지 이상의 색으로 그러데이션 효과를 충분히 활용한다.

클래식 이미지의 메이크업 과정

01 피부는 매트하고 커버력 있게 꼼꼼히 표현한다.

02 눈썹은 갈색 계열로 정교하게 한 올씩 심듯 풍성하게 그린다.

03 브라운brown 또는 다크브라운dark brown 계열의 아이섀도로 아이라인부터 홀라인까지 순차적으로 그러데이션 효과를 준다.

04 아이라인을 그린 뒤 선적인 느낌이 들지 않도록 아이섀도로 그러데이션하여 깊이 있는 눈을 표현한다.

05 자연스러운 인조 속눈썹을 붙여 눈매에 깊이를 더한다.

06 입술 윤곽을 선명하게 아웃커브out curve로 그린 뒤 선이 두드러지지 않도록 그러데이션으로 처리한다.

07 입술 중앙을 제외한 나머지 부분에 딥 톤의 오렌지색orange 계열 립스틱을 바른다.

08 입술 중앙에 명도 차이가 많이 나는 누드 베이지nude beige를 그러데이션 처리하며 볼륨을 더한다.

09 윤곽 수정용 블러셔로 얼굴 윤곽에 자연스럽게 음영을 표현한다.

10 자연스러운 혈색이 도는 색을 이용하여 콧대 쪽을 향해 사선으로 볼을 감싸듯이 블러셔를 바른다.

11 눈 밑, 콧대 등 하이라이트 존에 밝은 베이지의 펄 아이섀도를 발라 얼굴의 입체감을 살린다.

12 클래식 메이크업의 완성된 모습

4. 액티브 이미지의 메이크업 스타일

1) 메이크업 스타일링

밝고 경쾌한 이미지이므로 메이크업에서도 파격적일 만큼 선명하고 대담한 원색 계열이 효과적이다. 색상뿐만 아니라 기법 역시 과감하고 리드미컬rhythmical한 방법을 활용한다. 밝은 색상을 잘 표현하기 위해 피부도 밝은 톤으로 바르거나 원래의 피부색을 자연스럽게 살린다.

(1) 눈

상큼한 색으로 활기찬 이미지를 표현하기 위해 노란색, 오렌지색, 분홍색, 초록색 계열을 주조색으로 사용하고 전체적으로 색감이 느껴지도록 넓게 펴 바른다. 눈썹은 표준형이나 각진 모양이 잘 어울리는데, 콘셉트concept에 따라 자유롭게 연출해도 무방한 스타일이다. 오렌지색, 분홍색, 초록색, 파란색 등 선명한 아이섀도로 활동성을 강조한다.

(2) 입술

밝고 젊은 느낌을 강조하기 위해 오렌지색 계열의 글로시glossy한 입술로 표현한다. 젤리나 사탕 느낌의 달콤한 색을 발라 산뜻한 이미지로 표현하기도 한다.

(3) 볼

발랄한 느낌을 주는 색상의 블러셔를 아이섀도와 연결하여 다양하게 연출한다.

2) 메이크업 스타일링 예시

컬렉션에서 액티브 의상에 맞추기 위한 이미지로, 투 포인트two point로 경쾌하면서도 과감하게 표현한다. 활동적인 느낌을 강조하기 위해 브라이트 톤과 비비드 톤vivid tone을 주로 사용한다.

액티브 이미지의 메이크업 스타일링 예시

- 운동을 하고 난 뒤의 그을린 듯한 피부 톤과 광택으로 활동적인 이미지를 연출한다.
- 파란색을 선명하게 표현하고 강렬한 빨간색의 보색대비로 화려함을 연출한다.

액티브 이미지의 메이크업 과정

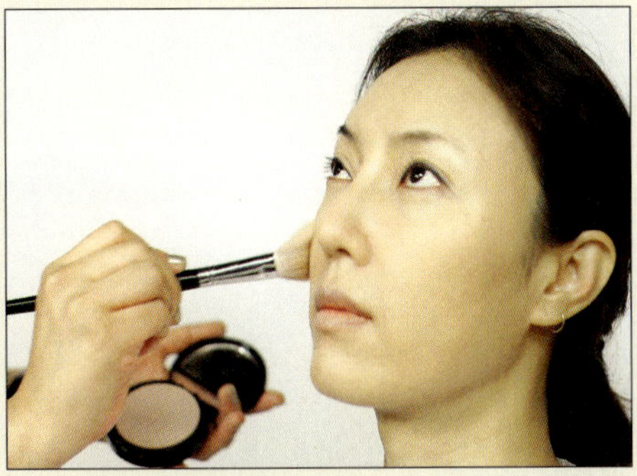

01 펄이 들어간 하이라이터highlighter로 건강미가 느껴지는 글로시한 피부를 표현한다.

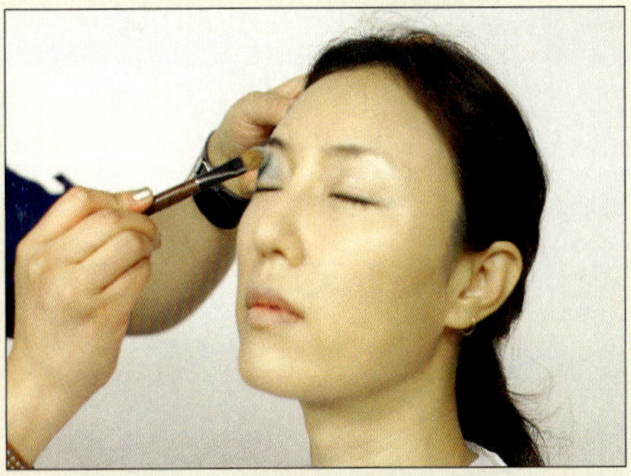

02 아이홀 전체에 페일 톤pale tone의 푸른색 아이섀도로 자연스럽게 그러데이션 효과를 준다.

03 비비드 톤의 청보라색을 이용하여 쌍꺼풀 선을 중심으로 포인트를 주면서 그러데이션한다.

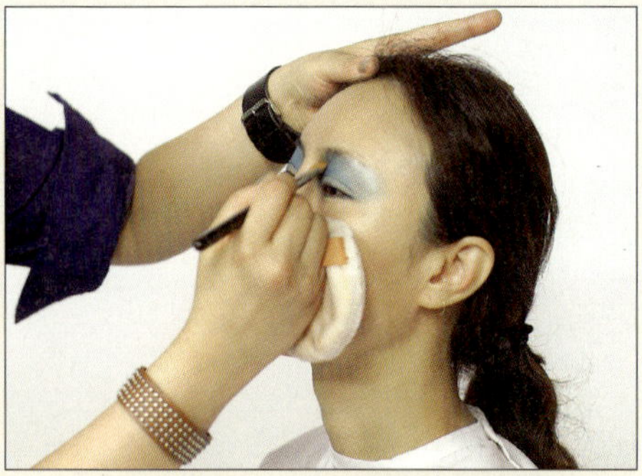

04 페일 톤의 푸른색 아이섀도와 비비드 톤의 청보라색을 섞어서 콧대를 중심으로 그러데이션하여 더욱 깊이 있는 눈매를 만든다.

05 검은색 아이라이너로 눈꼬리를 날렵하게 빼 준다.

06 눈 앞머리는 좁게 그리고 눈꼬리는 긴장감을 주기 위해 위쪽으로 올려 활동적인 느낌을 표현한다.

07 눈썹은 회색과 갈색을 섞어 상승형으로 그린다.

08 길고 풍성한 인조 속눈썹을 붙이고 검은색 마스카라를 바른다.

09 입술 중앙을 중심으로 비비드 톤의 보랏빛이 도는 빨간색을 손으로 두드리면서 그러데이션한다.

10 입술 선을 따라 스트롱 톤strong tone의 빨간색을 자연스럽게 그리되 비비드 톤의 보랏빛이 도는 빨간색과 섞이지 않도록 주의한다.

11 액티브 메이크업의 완성된 옆모습

12 액티브 메이크업의 완성된 앞모습

5. 에스닉 이미지의 메이크업 스타일

1) 메이크업 스타일링

이국적이고 신비한 정서를 표현하기 위해 화려하고 강렬한 색을 주로 사용한다. 카키색khaki과 올리브그린olive green 등의 자연색을 주조로 하여 소박한 이미지를 강조하기도 한다.

에스닉 이미지는 아시아, 유럽, 아프리카, 라틴아메리카, 인디언 등 여러 인종의 개성을 살리면서 다양한 스타일로 연출한다. 피부는 동양의 경우 밝은 톤으로, 이집트나 인도는 다갈색의 파운데이션을 사용하여 검은 톤으로 표현하는 등 특정 민족의 유형에 따라 다른 톤으로 표현한다.

(1) 눈

대체로 색조보다 선을 강조하는 편이지만 매우 강렬한 색으로 표현하는 경우도 있으므로 상황에 맞게 스트롱 톤이나 딥 톤 등의 강렬한 색상을 사용한다.

(2) 입술

붉은색 계열로 민속적 특성을 살리는 스타일이 대표적이며 경우에 따라 오렌지색이나 붉은 갈색을 쓰기도 한다.

(3) 볼

붉은색과 황토색 계열의 블러셔로 볼 부분을 강조한다.

2) 메이크업 스타일링 예시

TV 다큐멘터리에 등장하는 중앙아시아 계통 원주민의 소박하면서도 강인하고 토속적인 이미지로, 덜 톤이나 스트롱 톤의 옐로그린과 옐로레드 등으로 이국적인 색감을 표현하며 눈썹과 아이라인의 포인트를 살리는 데 중점을 둔다.

에스닉 이미지의 메이크업 스타일링 예시

- 거친 피부 질감과 강한 블러셔의 대비를 통해 토속적인 이미지를 연출한다.
- 자연에서 느껴지는 색감을 충분히 표현한다.

에스닉 이미지의 메이크업 과정

01 에스닉 이미지의 메이크업에 필요한 재료 및 도구와 컬러칩을 준비한다.

02 베이스는 피부 톤보다 어둡고 약간 거칠게 표현하며, 어두운 갈색 계열 파운데이션을 광대뼈 아래쪽과 얼굴 외곽 부분에 펴 발라 강하고 거친 이미지를 부각시킨다.

03 옐로그린과 옐로레드의 스트롱 톤, 덜 톤, 딥 톤 색상을 준비한다.

04 준비된 색상을 이용하여 아이홀 전체와 쌍꺼풀 선까지 라인을 그리듯이 펴 바른다.

05 옐로레드의 딥 톤과 다크 톤dark tone을 이용하여 눈꼬리 쪽으로 강하게 끌어 올리듯이 펴 바르며 포인트를 준다.

06 언더라인에 초록색 계열의 아이섀도를 좁게 그러데이션 한다.

07 검은색 젤 아이라이너나 리퀴드liquid 타입의 제품을 이용하여 눈꼬리를 사선 방향으로 올려 그려 동양적 눈매를 만든다.

08 언더라인은 위 라인과 연결하여 그리고 눈 앞머리를 빼서 동양적 느낌을 더욱 강조한다. 짙은 갈색이나 검은색 마스카라를 바르고 인조 속눈썹은 붙이지 않는다.

09 짙은 갈색 계열을 이용하여 광대뼈 밑을 중심으로 넓게 그러데이션을 넣은 후 옐로레드의 스트롱 톤으로 광대뼈 밑에서 눈 앞머리 쪽으로 끌어 올리듯이 바르고 볕에 그을린 듯한 느낌으로 콧등을 스치도록 연결한다.

10 입술은 아이섀도와 비슷한 계열의 색이나 누드 톤nude tone으로 연출한다.

11 에스닉 메이크업의 완성된 옆모습

12 에스닉 메이크업의 완성된 앞모습

6. 매니시 이미지의 메이크업 스타일

1) 메이크업 스타일링

남성적 분위기를 살린 세련된 이미지로 강하고 깔끔한 메이크업을 한다. 선보다 면을 살린 스타일에 중점을 두며 저채도의 무채색과 색감이 느껴지지 않는 자연스러운 색상을 사용한다. 피부는 원래의 얼굴빛과 무난하게 어울리도록 얇고 가볍게 표현한다.

(1) 눈

직선에 가까운 눈썹 모양으로 남성미를 강조하며 그레이시 톤의 카키색이나 갈색 계열로 눈매에 음영만 표시한다.

(2) 입술

자연스럽게 표현하고자 할 때는 누드 톤의 색을 사용하고, 반대의 경우에는 짙은 색조의 버건디burgundy 계열로 강한 이미지를 부각시키기도 한다.

(3) 볼

블러셔는 윤곽을 강하게 표현하기 위해 사선 방향으로 바르고 색상은 갈색 계열을 사용한다.

2) 메이크업 스타일링 예시

TV 드라마에 출연하는 독립심 강한 커리어 우먼의 이미지로, 남성적이면서도 여성스러움을 간직한 강하면서도 부드러운 느낌을 연출한다. 남성적인 인상을 표현하기 위해서는 색감이 약한 편이 좋으며 회색, 검은색, 옐로레드 계열로 라이트 톤, 라이트 그레이시 톤, 다크 톤을 활용한다.

매니시 이미지의 메이크업 스타일링 예시

- 창백함과 강한 얼굴 윤곽선으로 남성적인 여성의 이미지를 표현한다.
- 눈매의 강한 포인트로 당당함을 표현하고 누드 톤의 입술을 대비시킨 원 포인트 메이크업을 연출한다.

매니시 이미지의 메이크업 과정

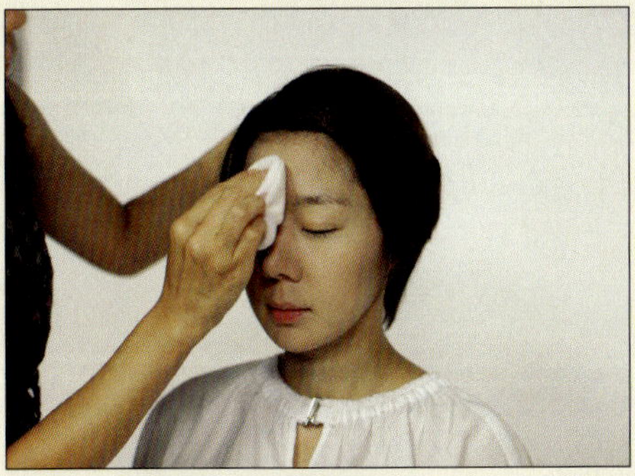

01 피부는 투명하고 가볍게 표현한다.

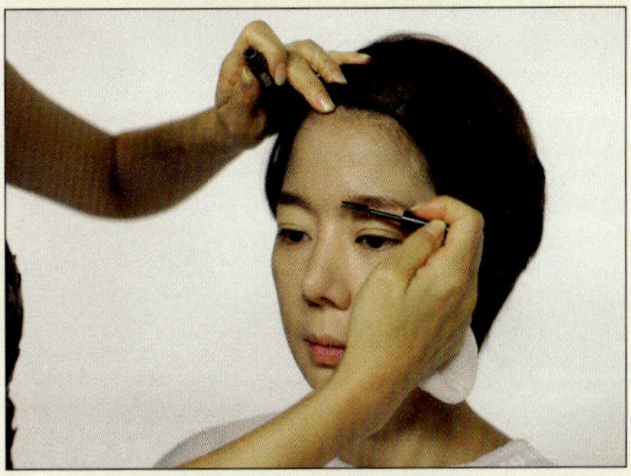

02 눈썹은 최대한 자연스럽게 그리고 투명 마스카라를 사용하여 눈썹 앞머리를 위쪽으로 빗어 남성적인 느낌을 준다.

03 갈색 계열의 아이섀도를 눈꺼풀에 자연스럽게 펴 바른다.

04 카키브라운khaki brown 계열의 아이섀도로 아이라인과 눈꼬리 쪽을 깊이 있게 표현한다.

05 검은색 젤 아이라이너를 선명하게 그린다.

06 실제 속눈썹을 그대로 살려 자연스럽게 마스카라를 바른다.

07 입술 주변을 컨실러concealer로 정리하여 자연스러운 입술 윤곽을 만든다.

08 누드 베이지의 립스틱을 바른다.

09 윤곽 수정용 블러셔를 광대뼈 밑에 사선으로 펴 발라 남성적인 윤곽을 만든다.

10 자연스러운 혈색이 느껴지도록 얼굴 중앙에 가볍게 블러셔를 바른다.

11 매니시 메이크업의 완성된 옆모습

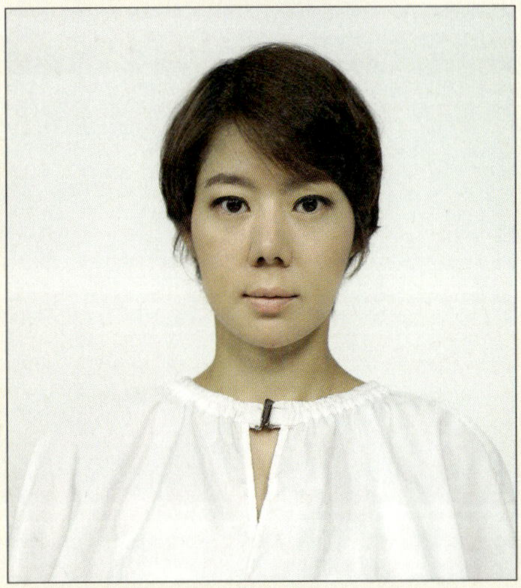

12 매니시 메이크업의 완성된 앞모습

7. 모던 이미지의 메이크업 스타일

1) 메이크업 스타일링

현대적이고 미래지향적인 이미지가 강하기 때문에 메이크업도 파격적이고 독특한 스타일이 많다. 전위적이고 실험적인 패션에 걸맞게 강렬한 색채와 독창적 패턴의 창조적인 아트 메이크업이 주를 이룬다. 미래 사회를 연상시키는 차가운 계열의 색으로 반짝이는 펄의 질감을 활용하면 효과적이며, 얼굴선을 무시한 사각형 · 삼각형 · 원 등의 기하학적인 컷아웃cutout으로 자유의지와 개성에 초점을 맞춘 스타일도 잘 어울린다.

개성이 강하고 유행에 앞선 다소 급진적인 느낌을 살리기 위해 주로 원 포인트 메이크업으로 깔끔하고 뚜렷하게 연출한다. 피부는 테마에 따라 다양하게 표현할 수 있는데, 창백할 정도로 하얗게 바르거나 원래의 피부색과 관계없이 여러 가지 재질을 사용하기도 한다. 일정한 스타일보다 새롭고 독창적인 기법을 선호하며 개성을 중요시한다.

(1) 눈

다양한 기법이 활용되는 부분으로, 캣워크catwalk에서의 강한 아이라인을 중심으로 표현하거나 오브제objet를 사용하여 독특한 이미지를 부여한다. 차가운 느낌의 은색, 파란색, 회색 계열이나 무채색의 아이섀도가 적합하다.

(2) 입술

강렬한 빨간색 계열부터 포도주색, 자주색, 검은색까지 다크 톤의 깊은 색조와 사이버cyber 느낌의 은색이나 창백한 빛깔의 글로스를 활용한다.

(3) 볼

광대뼈를 따라 무채색의 블러셔를 약간 길게 발라 음영을 넣어 강조하거나 반대로 아예 약하게 연출하기도 한다.

2) 메이크업 스타일링 예시

컬렉션에서 기하학적인 선을 이용한 모던 의상에 맞추기 위한 이미지로, 현대적이며 하이테크high-tech 감성이 느껴지는 차갑고 강렬한 분위기를 부각시키기 위해 흰색, 회색, 검은색의 모노톤으로 연출한다. 미래의 느낌을 표현하기 위해 은색 펄을 활용한다.

모던 이미지의 메이크업 스타일링 예시

- ♥ 색상을 최대한 절제하고 검은색과 흰색 또는 은색을 활용한 강한 대비로 표현한다.
- ♥ 입술이나 눈에 색감을 주는 원 포인트 메이크업으로 강렬함과 심플함을 연출한다.

모던 이미지의 메이크업 과정

01 모던 이미지의 메이크업에 필요한 재료 및 도구와 컬러 칩을 준비한다.

02 베이스는 피부 톤보다 두 단계 이상 밝고 창백하게 표현한다.

03 흰색 펄이나 은색 계열의 크림 타입 제품으로 아이홀 및 T-zone과 V-zone을 밝게 표현한다.

04 흰색 펄과 은색을 섞어 아이홀 전체 및 눈썹뼈와 눈썹 선까지 마치 고글을 쓴 것처럼 보이도록 콧등과 연결하여 넓고 과감하게 펴 바른다.

05 검은색 젤이나 리퀴드 아이라이너로 언더라인부터 시작하여 뒤꼬리 부분이 눈매를 따라 강하게 올라가도록 날렵하게 빼 준다.

06 블러셔는 라이트 톤이나 라이트 그레이시 톤의 빨간색을 사용한다.

07 라이트 톤이나 라이트 그레이시 톤의 빨간색을 광대뼈 아래쪽을 중심으로 사선 방향으로 바른다.

08 입술 중앙을 중심으로 펄이 들어간 흰색을 풍부하고 윤기 있게 바른다.

09 T-zone과 V-zone에 바셀린vaseline이나 기타 투명 글로스 제품을 발라 피부를 번들거리게 하여 차가운 느낌이 들도록 마무리한다.

10 눈 밑 부분에도 바셀린이나 기타 투명 글로스 제품을 경계가 생기지 않도록 펴 바른다.

11 모던 메이크업의 완성된 옆모습

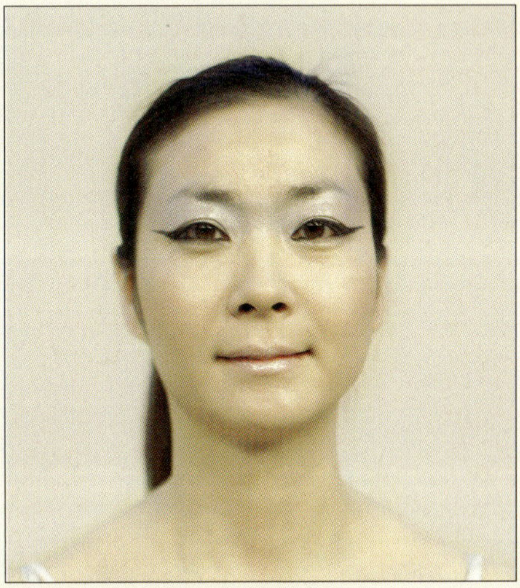

12 모던 메이크업의 완성된 앞모습

8. 아방가르드 이미지의 메이크업 스타일

1) 메이크업 스타일링

도전적이고 실험적인 이미지를 개성 있게 표현하여 전위적이고 예술적인 느낌을 주며, 다양한 재질을 사용하여 새롭고 독창적인 스타일을 창출한다.

(1) 피부와 눈

선을 강하게 부각시키거나 오브제를 사용하여 강렬함을 살리고 색상은 무채색과 빨간색 계열, 톤은 다크 톤을 적용한다.

(2) 입술

강렬한 빨강에서 검정까지 진한 색상을 사용하며, 사이버 느낌의 은색으로 창백한 분위기를 표현하기도 한다.

2) 메이크업 스타일링 예시

컬렉션에서 아방가르드 의상에 맞추기 위한 이미지로, 흰색과 검은색, 스트롱 톤의 빨간색을 이용하여 전위적인 눈매에 창백한 입술을 대비시켜 강렬한 느낌을 연출한다.

아방가르드 이미지의 메이크업 스타일링 예시

- 석고처럼 하얀 피부와 선명한 빨간색의 대비로 강렬하고 전위적인 이미지를 연출한다.
- 창백한 하얀 입술로 빨간색과의 대비를 더욱더 강하게 표현한다.

아방가르드 이미지의 메이크업 과정

01 흰색 파운데이션과 붉은색 유성 컬러 제품으로 피부를 표현한다.

02 아이홀 부분은 붓을 사용하여 붉은색의 느낌을 더욱 강렬하게 연출한다.

03 흰색 파운데이션을 바른 부위에 먼저 흰색 파우더를 입힌 후 붉은색 부위에도 같은 파우더를 듬뿍 바른다.

04 검은색 펜슬로 경계선 부분을 더욱 선명하게 그린다.

05 콧대의 선도 검은색 펜슬로 그러데이션 효과를 주면서 선명하게 표현한다.

06 눈꼬리를 길게 뺀 모양으로 아이라인을 선명하게 그린다.

07 언더라인도 위의 아이라인과 연결되듯이 길게 빼서 그린다.

08 검은색 젤 아이라이너로 아이라인을 더욱 선명하게 덧그린다.

09 눈꼬리가 긴 인조 속눈썹을 붙여 강렬한 눈매를 만든다.

10 입술 선이 보이지 않도록 파운데이션이나 컨실러로 감추고 그 위에 흰색 펄 파우더를 꼼꼼히 바른다.

11 붉은색 파우더로 다시 한번 색감을 선명하게 표현한다.

12 아방가르드 메이크업의 완성된 모습

9. 내추럴 이미지의 메이크업 스타일

1) 메이크업 스타일링

꾸미지 않은 듯한 자연스러운 이미지이므로 자연에서 느껴지는 초록빛과 대지의 풍요로움을 상징하는 갈색 계열의 조화를 단색이나 유사 계열로 톤을 변화시켜 표현한다. 차분하고 자연스럽게 연출하는 것이 중요하므로 인위적인 기법은 자제한다. 전체적인 분위기의 조화를 위해 같은 계열인 베이지와 갈색을 주로 사용하며 복숭아색이나 오렌지색 계열을 가미하여 건강한 이미지를 부여한다. 피부는 톤을 낮추거나 원래 피부색에 맞춰 지나치게 밝거나 두껍게 표현하지 않는다.

(1) 눈

내추럴 색상인 베이지, 갈색, 초록색 계열을 중심으로 아이섀도나 펜슬 타입을 사용하여 자연스럽게 그러데이션을 넣어 깊이 있고 그윽하게 표현한다. 눈썹은 현재 모양을 살리면서 기본형에 가깝게 그린다.

(2) 입술과 볼

입술은 오렌지색이나 복숭아색 계열로 은은하게 바른다. 볼은 오렌지색과 갈색 계열을 사용하되 눈과 입술 톤에 맞춰 자연스러운 혈색을 표현한다.

2) 메이크업 스타일링 예시

친환경(에코eco)을 지향하는 화장품 광고를 위한 이미지로, 자연친화적인 색상을 이용하여 꾸밈없는 순수한 느낌을 연출한다. 옐로와 옐로레드의 라이트 그레이시 톤과 라이트 톤으로 부드럽고 편안한 분위기를 표현한다.

내추럴 이미지의 메이크업 스타일링 예시

- 자연스러운 피부 톤으로 인위적인 느낌이 들지 않도록 표현한다.
- 선의 느낌을 배제하고 최소한의 색감으로 절제된 메이크업을 연출한다.

내추럴 이미지의 메이크업 과정

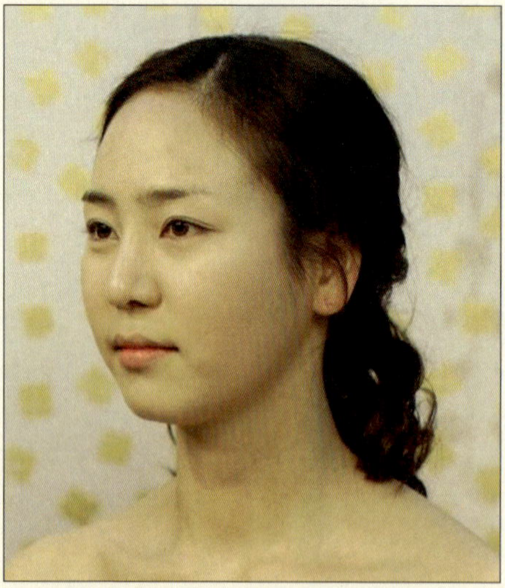

01 베이스는 원래의 피부에 최대한 가깝도록 자연스럽게 표현한다.

02 라이트 톤과 라이트 그레이시 톤의 옐로와 옐로레드를 준비한다.

03 가벼운 질감의 라이트 베이지light beige 크림 아이섀도를 아이홀 전체에 바르고 같은 계열의 아이섀도를 그 위에 덧바른다.

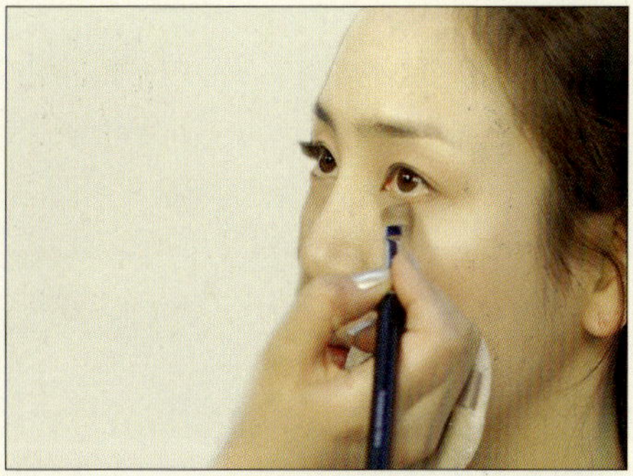

04 언더라인 부분도 아이섀도와 연결하여 통일감을 준다.

05 펜슬과 브러시를 사용하여 원래의 형태를 살리면서 갈색으로 자연스럽게 눈썹을 그린다.

06 갈색 계열의 펜슬 타입 아이라이너로 눈매 가까이 얇게 그리고 같은 계열의 아이섀도를 자연스럽게 그러데이션으로 덧바른다.

07 바셀린이나 촉촉한 질감의 밤balm 제품을 아이홀 부분에 소량 발라 윤기가 나게 하고 투명 마스카라로 자연스럽게 마무리한다.

08 크림 타입의 옐로레드 라이트 톤을 손으로 가볍게 펴 발라 광대뼈 전체에 자연스럽게 음영을 준다.

09 같은 색 계열의 섀도 타입 블러셔를 덧발라 지속성을 높인다.

10 라이트 톤의 옐로레드 립컬러lip color로 입술 중앙에 혈색만 비치듯이 가볍게 펴 바르고 같은 계열의 립글로스로 윤기를 더한다.

11 내추럴 메이크업의 완성된 모습

10. 웨딩 이미지의 메이크업 스타일

1) 메이크업 스타일링

웨딩 메이크업은 기본적으로 청순하고 순수한 느낌을 주어야 하며 신부의 이미지와 나이 및 피부 톤, 계절이나 결혼식 장소, 드레스의 실루엣silhouette, 신랑의 인상 등에 맞춰야 하므로 그에 따른 다양한 스타일이 존재한다. 지나치게 튀거나 짙은 메이크업은 피하고 드레스에 어울리도록 최대한 자연스럽게 연출하면서 신부의 단점을 보완하고 장점을 살린다. 색조는 주로 장소에 따라 달라지며 흰색을 기본으로 페일 톤의 분홍색, 복숭아색, 자주색, 노란색 등을 사용한다.

(1) 피부

웨딩 메이크업에서는 특히 베이스의 표현이 중요하므로 기미, 주근깨, 잡티 등 피부의 결점을 완벽하게 감춘다. 예식, 폐백, 사진 촬영 등의 긴 일정에도 지워지지 않도록 지속성도 유지해야 한다. 웨딩드레스는 주로 네크라인neckline이 파인 경우가 많으므로 얼굴과 목의 피부색이 다르지 않도록 파운데이션으로 색을 맞춘다.

(2) 눈

사진과 비디오 촬영을 위해 눈 주위를 밝고 화사하게 연출한다.

(3) 입술

핑크pink나 핑크베이지pink beige로 부드럽고 은은하게 표현한다.

(4) 볼

블러셔는 아이섀도의 색에 맞춘 톤의 분홍색이나 오렌지색을 사용하여 선이 생기지 않도록 광대뼈 전체를 감싸듯이 부드럽게 펴 바른다.

2) 메이크업 스타일링 예시

20대 중반인 신부의 러블리lovely한 웨딩드레스에 어울리는 이미지로, 레드 · 옐로레드 · 퍼플의 페일 톤을 적용하여 사랑스럽고 귀여운 스타일로 꾸민다.

웨딩 이미지의 메이크업 스타일링 예시

- 깨끗하고 화사한 피부로 표현한다.
- 자연스럽고 깔끔하며 인조 속눈썹을 활용한 깜찍한 눈매와 분홍빛이 도는 귀여운 입술이 포인트이다.

웨딩 이미지의 메이크업 과정

01 원래의 피부 톤에 맞춰 화사한 얼굴빛을 표현한다.

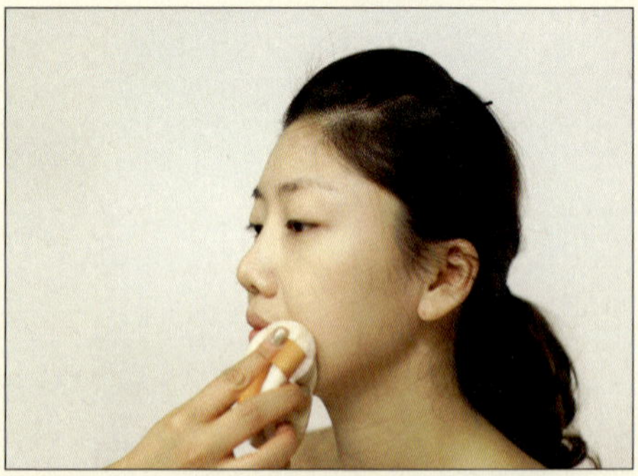

02 피부의 잡티 등을 깨끗하게 가려 베이스를 처리한 후 꼼꼼하게 파우더를 바른다.

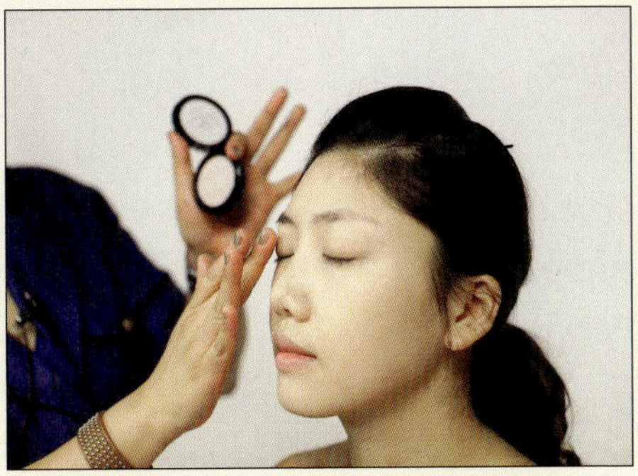

03 연한 분홍빛이 도는 펄 크림 아이섀도를 아이홀 전체에 바른다.

04 아이홀을 중심으로 페일 톤의 초록빛이 도는 파란색, 보라색, 오렌지색을 그러데이션한다.

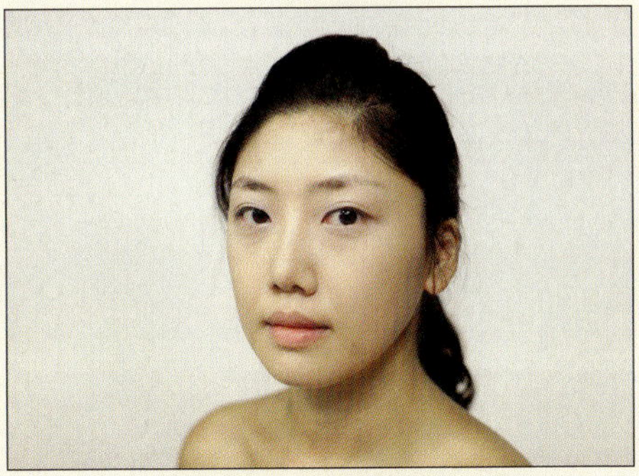

05 앞의 3가지 색상으로 눈 전체를 화사하게 연출한다.

06 눈매를 또렷하게 살리는 느낌으로 검은색 아이라이너를 그린다.

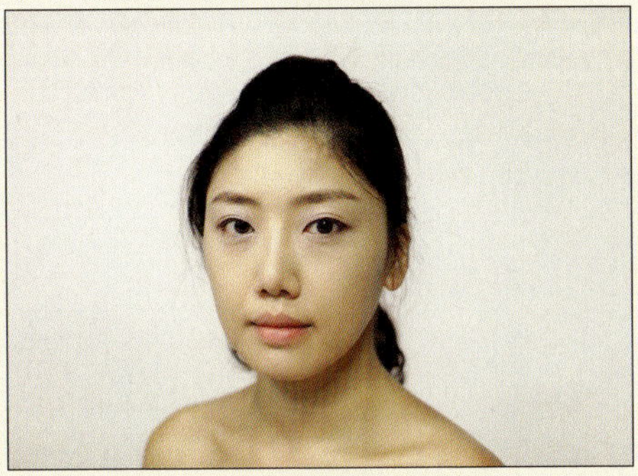

07 갈색 계열로 각이 지지 않도록 부드러운 형태의 눈썹을 그린다.

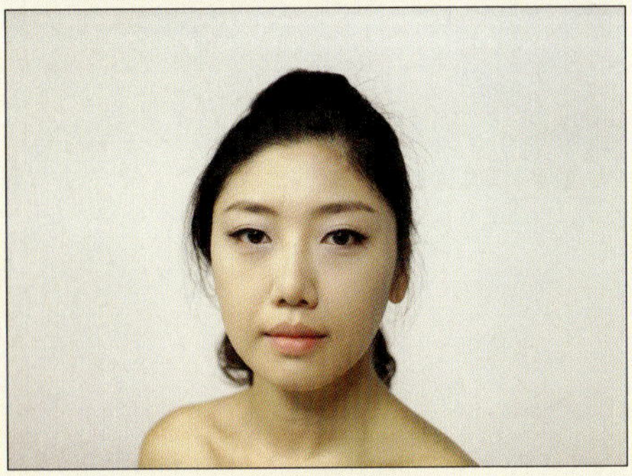

08 풍성한 느낌의 인조 속눈썹을 붙이고 마스카라를 발라 눈매에 깊이를 더한다.

09 페일 톤의 오렌지색 또는 라이트 톤의 보랏빛이 도는 분홍색 블러셔를 볼 중앙에 둥글게 펴 바르며 그러데이션 효과를 준다.

10 브라이트 톤의 오렌지색 립스틱으로 입매를 자연스럽게 표현하고 브라이트 톤의 보랏빛이 도는 붉은색 립글로스를 입술 중앙에 펴 발라 볼륨을 살린다.

11 웨딩 메이크업의 완성된 옆모습

12 웨딩 메이크업의 완성된 앞모습

CHAPTER 6

이미지별 헤어스타일의 이해

CHAPTER 06

이미지별 헤어스타일의 이해

1. 로맨틱 이미지의 헤어스타일

1) 헤어스타일링

부드러운 롱 웨이브, 굵은 웨이브를 준 레이어드 보브bob(단발) 스타일이 잘 어울리며 머리핀, 머리띠, 모자, 리본 등을 사용하여 귀엽고 낭만적인 분위기를 연출한다. 색상은 따뜻하고 부드러움이 느껴지는 밝은 톤이 좋다.

로맨틱 이미지의 헤어스타일링

♥ 웨이브를 만들거나 땋기 등의 다양한 연출법으로 귀여운 소녀 같은 사랑스러운 이미지를 표현한다.

2) 헤어스타일링 예시

여성스럽고 사랑스러운 이미지를 전달하기 위해 전체적으로 컬이 있는 스타일에 헤어 자체로 장식적인 요소를 구성하게끔 옆쪽에 볼륨을 많이 만들어 꼬아서 연출한다. 컬이 풍부할수록 소녀 같은 느낌이 강조되며, 전체적으로 볼륨과 꼬는 디테일이 많을수록 로맨틱한 인상이 더 두드러진다.

로맨틱 이미지의 헤어스타일링 과정

01 앞쪽front을 약 7 : 3으로 가른다parting.

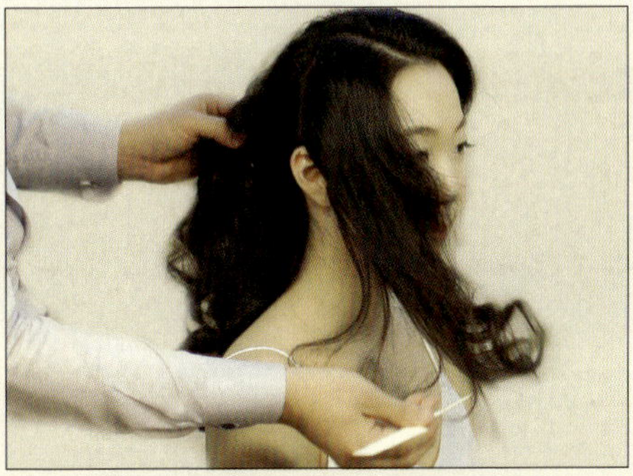

02 옆 부분은 양쪽을 모두 이어 포인트까지 가른다.

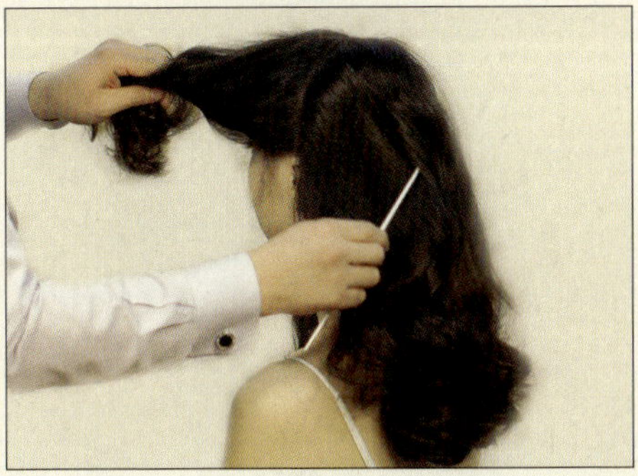

03 볼륨을 주기 위해 뒷머리의 나머지 부분을 정수리top부터 백코밍back combing한다.

04 볼륨을 주고 뒷부분에 고정시킨다.

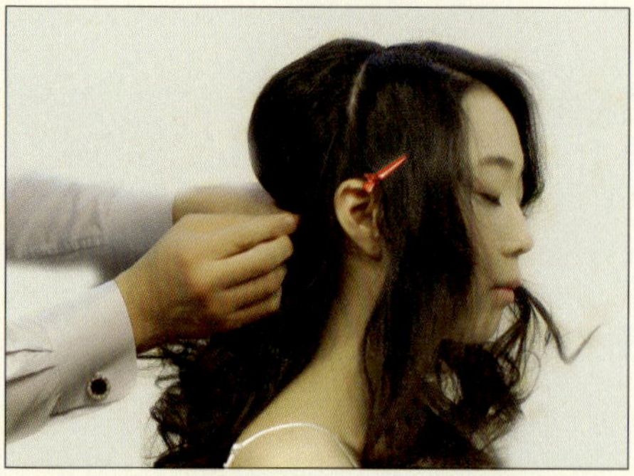

05 가로 섹션으로 가면서 볼륨을 주기 위해 모근 쪽을 백코밍한다.

06 머리를 꼬아 모양을 만들면서 뒷부분에 고정시킨다.

07 양쪽 옆의 머리를 섹션별로 꼬아서 뒷부분에 고정시킨다.

08 양쪽 옆의 머리를 섹션별로 꼬아서 뒷부분에 고정시킨 모습이다.

09 뒷부분의 꼬고 난 머리를 잡는다.

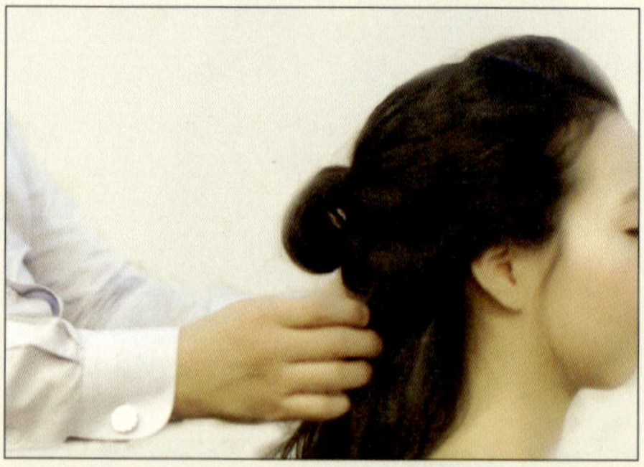

10 뒷부분에 동그란 형태를 만들어 고정시킨다.

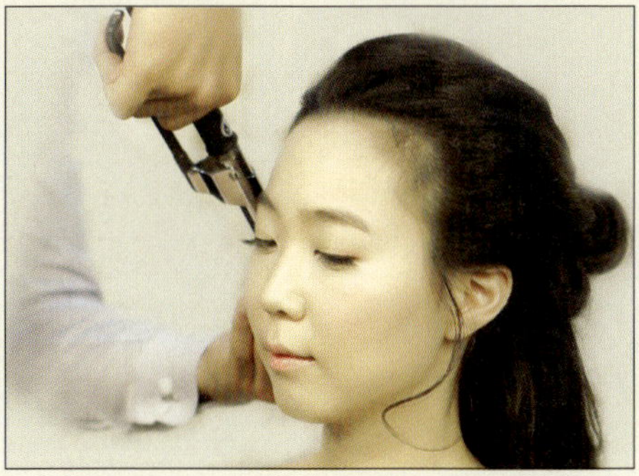

11 아이론iron, curly iron으로 양쪽 옆의 애교머리에 컬을 넣는다.

12 로맨틱 헤어스타일의 완성된 모습

2. 엘레강스 이미지의 헤어스타일

1) 헤어스타일링

우아한 여성미를 풍기는 이미지이므로 어깨선 정도의 길이가 적당하며, 긴 머리의 경우 풍성한 S자의 웨이브를 기품 있게 연출한다. 고상하고 지적인 절제된 선과 흐르는 듯한 곡선의 실루엣으로 세련된 분위기를 내면서 클래식과 모던 이미지도 함께 느낄 수 있는 스타일이다.

엘레강스 이미지의 헤어스타일링

♥ 풍성한 S자의 웨이브로 기품 있는 이미지를 연출한다.

2) 헤어스타일링 예시

전체적으로 아이론을 사용하는 것이 드라이보다 효율적이며, 중간중간에 스프레이로 결을 정리해 주는 것이 좋다. 릿지ridge를 만들 때는 속머리까지 전부를 잡기보다는 겉 표면 위주로 작업하는 것이 훨씬 효과적이다. 릿지는 디테일보다는 전체적인 연결과 U자 모양의 전체 릿지를 만드는 것이 중요하다.

엘레강스 이미지의 헤어스타일링 과정

01 옆 부분에 아이론으로 릿지를 만든다.

02 옆 부분에서 기존의 릿지에 연결하여 섹션을 뜬다.

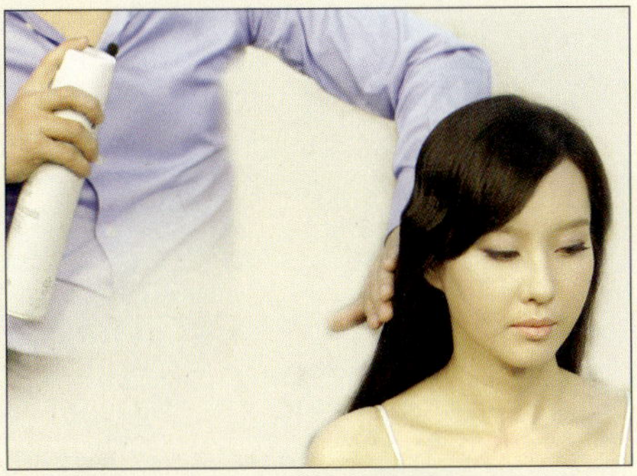

03 릿지를 만들면서 스프레이로 결만 정리한다.

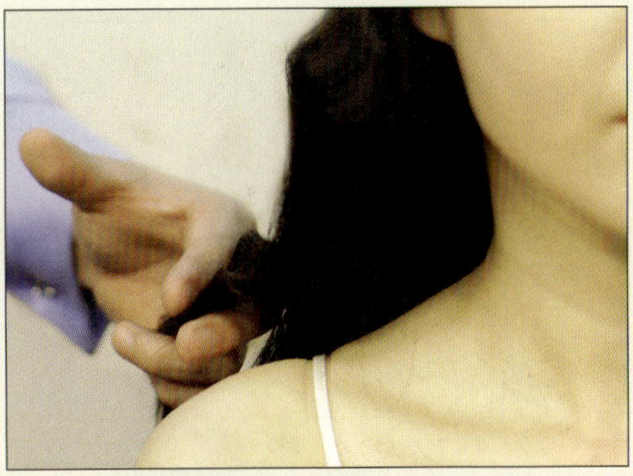

04 기존 릿지의 아랫부분에 계속해서 릿지를 만든다.

05 모발 끝까지 릿지를 만든다.

06 반대편의 옆 부분도 같은 높이에 릿지를 만든다.

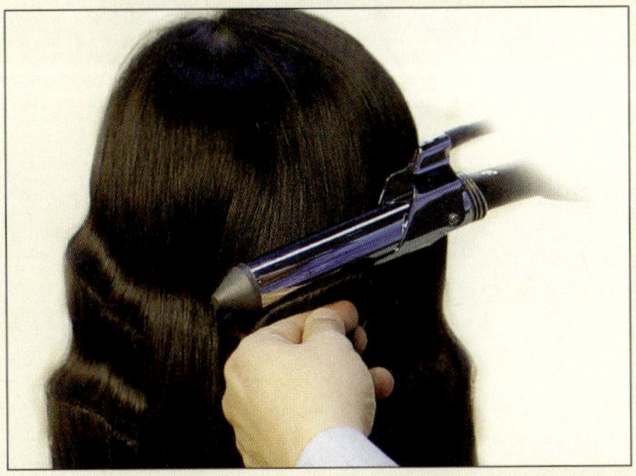

07 뒤에서 양옆의 릿지가 만나는 부분을 이어 준다.

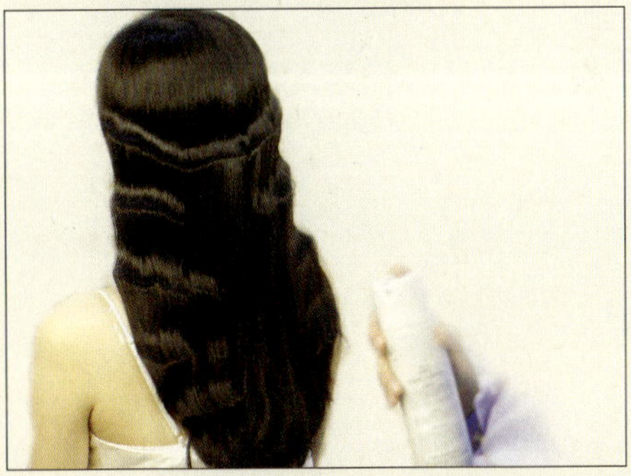

08 뒤에서 볼 때 U자 모양이 되도록 릿지를 만든다.

09 아랫단도 릿지를 계속 연결한다.

10 앞머리는 흐르는 느낌으로 드라이한다.

11 엘레강스 헤어스타일의 완성된 뒷모습

12 엘레강스 헤어스타일의 완성된 앞모습

3. 클래식 이미지의 헤어스타일

1) 헤어스타일링

동서양 모두의 고전적이고 전통적인 예식과 격식에 잘 어울리며, 굵은 웨이브의 단발머리나 품위 있고 중후한 느낌의 업스타일이 좋다. 짧은 머리는 스트레이트 형태와 보브 스타일이 잘 맞는다.

심플하고 깔끔한 느낌으로 볼륨만 있는 중간 길이의 보브 스타일, 옆 가르마를 탄 단발머리, 눈을 가리거나 이마를 덮지 않는 고정된 스타일이 주를 이룬다. 고전적 · 전통적 · 보수적 이미지를 연출하기 위해 정돈된 가운데 볼륨과 곡선을 표현하면서 현대적으로 해석된 이미지도 함께 보여 준다.

클래식 이미지의 헤어스타일링

♥ 볼륨을 만들어 풍성하게 늘어뜨리거나 기품 있는 업스타일을 연출한다.

2) 헤어스타일링 예시

절제된 볼륨의 곡선을 만드는 것이 핵심이며, 볼륨을 유지하기 위한 백코밍과 적절한 핀 고정이 가장 중요한 연출 포인트이다.

클래식 이미지의 헤어스타일링 과정

01 포니테일로 위치를 잡는다.

02 머리카락을 깨끗하게 밀착시켜 정리한다.

03 판넬의 1/2을 백코밍한다.

04 판넬을 11시 방향에 묶어 고정시킨다.

05 망을 씌운다.

06 면을 펼치면서 망을 정리한다.

07 시계 방향으로 반 바퀴 회전시킨다.

08 회전시키면서 모양을 잡는다.

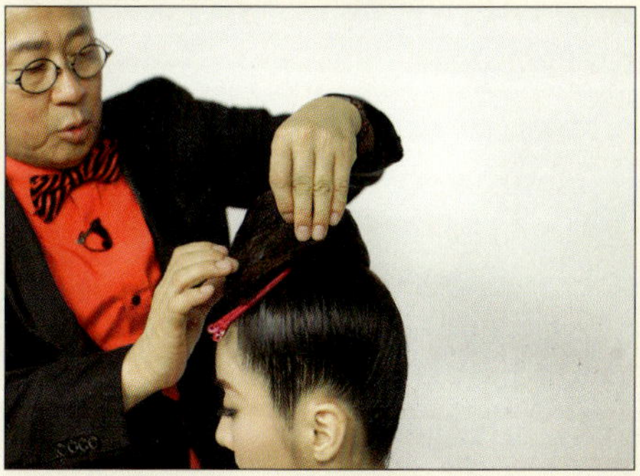
09 S자 모양을 만든다.

10 웨이브의 융기에 유핀으로 고정시킨 후 스프레이로 정리한다.

11 클래식 헤어스타일의 완성된 뒷모습

12 클래식 헤어스타일의 완성된 앞모습

4. 액티브 이미지의 헤어스타일

1) 헤어스타일링

생기 있고 활발한 느낌을 강조하기 위해 위로 향하는 형태를 연출하는데, 왁스 · 무스 등의 스타일링 제품을 사용한 내추럴 블로어나 솟 모양이 잘 어울린다. 짧은 머리는 모발 끝이 바깥쪽을 향하도록 하고, 긴 머리는 포니테일 스타일을 위로 높이 묶어 젊음과 발랄함을 강조하며, 컬러풀한 배색의 대비가 강한 헤어 컬러가 좋다.

액티브 이미지의 헤어스타일링

♥ 율동성과 경쾌함을 표현하고 웨이브보다는 선의 느낌을 강조한다.

2) 헤어스타일링 예시

기능성, 운동감, 경쾌함 등을 표현하기 위해 백코밍을 통한 볼륨감 연출에 중점을 둔다. 꼬는 헤어와 끝 부분의 백코밍에 의한 운동감 연출도 중요한 포인트이다. 전체적으로 볼륨, 운동감, 자유분방함 등이 나타나도록 남성적인 강한 느낌으로 연출한다.

액티브 이미지의 헤어스타일링 과정

01 앞쪽의 이마 왼쪽부터 섹션을 나눈다.

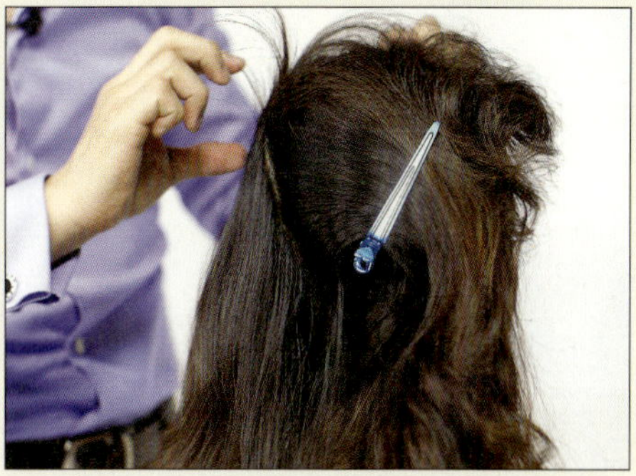

02 앞쪽에서 네이프nape의 오른쪽과 연결하는 섹션을 나눈다.

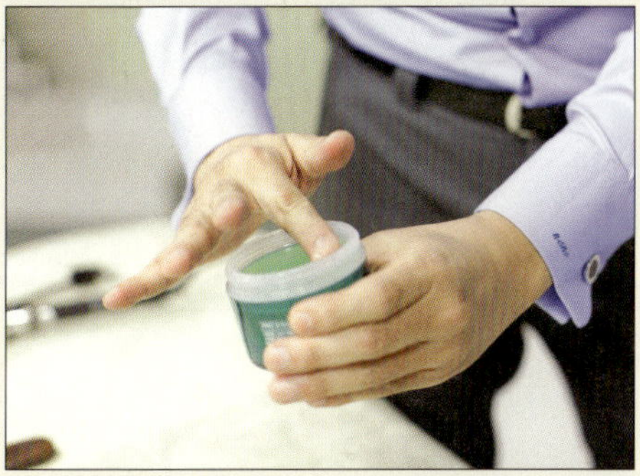

03 포니테일로 묶을 부분의 머릿결을 왁스로 정리한다.

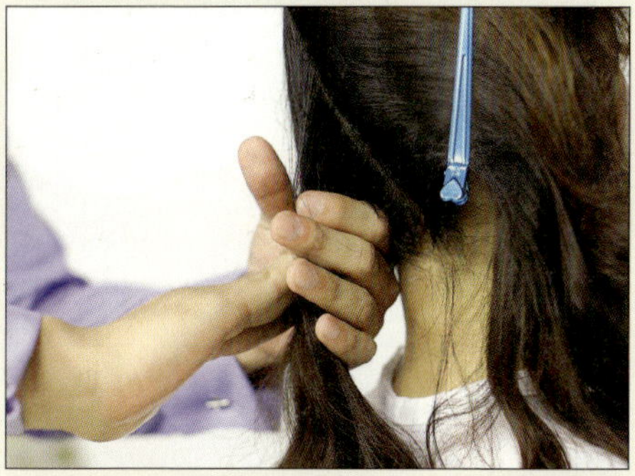

04 네이프 쪽에 포니테일을 만든다.

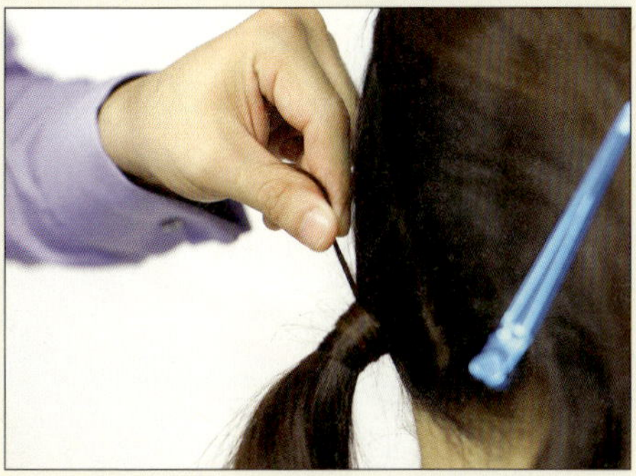

05 고무줄로 묶은 부분을 머리카락으로 감싼다.

06 아이론으로 모근을 살리고 컬을 넣는다.

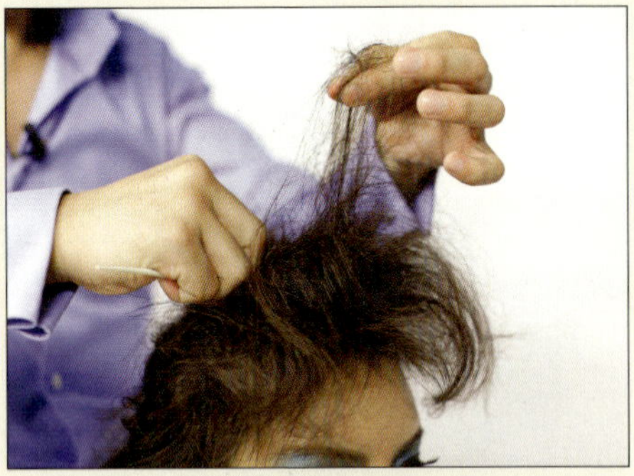

07 포니테일을 제외한 머리를 백코밍한다.

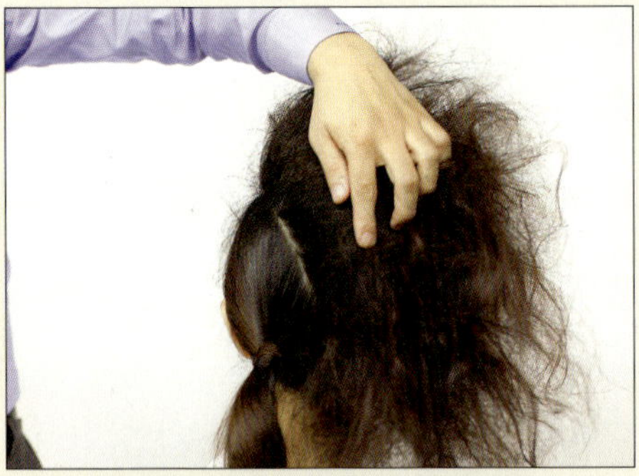

08 전체적으로 거친 느낌이 나도록 백코밍한다.

09 스프레이와 드라이어의 찬 바람으로 형태를 만들면서 고정시킨다.

10 잔머리도 드라이어와 아이론으로 정리한다.

11 액티브 헤어스타일의 완성된 뒷모습

12 액티브 헤어스타일의 완성된 앞모습

5. 에스닉 이미지의 헤어스타일

1) 헤어스타일링

특정 지역을 상징하는 색채나 머리 모양을 모티브로 구상하거나, 그대로 또는 변형을 추구하면서 독특한 민속적 스타일을 표현한다. 직모를 이용한 포니테일, 레게 스타일로 길게 땋은 머리, 동양풍의 업스타일, 이집트풍의 스타일 등 민속적 특성을 살리고 가발, 터번, 모자 등 각국의 고유한 머리 장신구를 이용하여 다양하게 연출한다.

에스닉 이미지의 헤어스타일링

♥ 구슬, 털실, 기타 장신구를 이용하여 장식성을 강조하며 정돈된 스타일보다 자유분방한 이미지를 연출한다.

2) 헤어스타일링 예시

에스닉 헤어의 대표적 연출법인 땋기를 기본으로 하여 컬러달비를 이용한 색상대비로 전사적 이미지를 만든다. 컬러달비가 엉키지 않도록 반드시 가발빗과 물 분무기로 정돈하면서 땋기를 진행해야 한다. 마지막에는 남은 머리로 묶은 부분을 정리하고 헤어 자체로 장식을 만들어 완성한다.

에스닉 이미지의 헤어스타일링 과정

01 한쪽만 고무줄로 고정되어 있는 컬러달비를 준비한다.

02 뒷부분을 고무줄로 묶어 포니테일을 만든다.

03 포니테일의 밑에 컬러달비의 묶은 부분을 고무줄로 튼튼히 고정시킨다.

04 나중에 고무줄로 묶은 부분을 가릴 머리를 따로 빼놓는다.

05 원래 머리를 2등분하여 달비와 함께 3가닥 땋기를 한다.

06 가발빗으로 빗질을 하고 물을 뿌리면서 깔끔하게 계속 땋는다.

07 달비까지 땋아 완성된 모습이다.

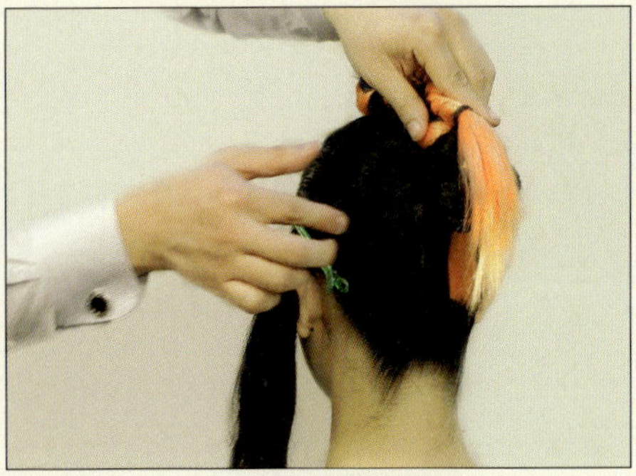

08 땋은 머리를 접어서 정수리에 올려 실핀으로 고정시킨다.

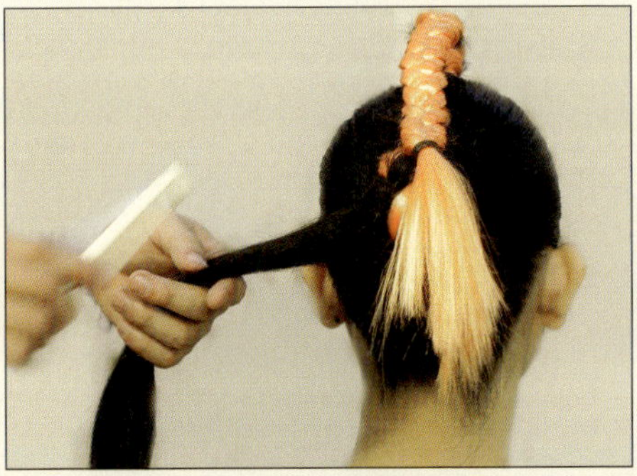

09 미리 빼놓은 머리를 돌리기 전의 모습이다.

10 고무줄로 묶은 부분을 빼놓은 머리로 돌려 감아 가린다.

11 앞 10번의 옆모습이다.

12 에스닉 헤어스타일의 완성된 모습

6. 매니시 이미지의 헤어스타일

1) 헤어스타일링

짧은 롤 스트레이트나 깔끔하고 단정하게 빗어 올린 업스타일에 옅은 색보다는 약간 진한 색으로 강하게 표현한다. 볼륨이나 웨이브보다는 직선적이고 단순한 선의 느낌을 통해 강하고 남성적인 이미지를 연출한다.

매니시 이미지의 헤어스타일링

♥ 볼륨보다는 선을 강조하며 긴 머리보다는 짧은 스타일로 남성적인 이미지를 연출한다.

2) 헤어스타일링 예시

네이프 부분에 머리를 정리하면 길이가 길어도 남성적인 숏 스타일을 연출할 수 있다. 곡선보다 직선적인 느낌에 비중을 두는 스타일이다.

매니시 이미지의 헤어스타일링 과정

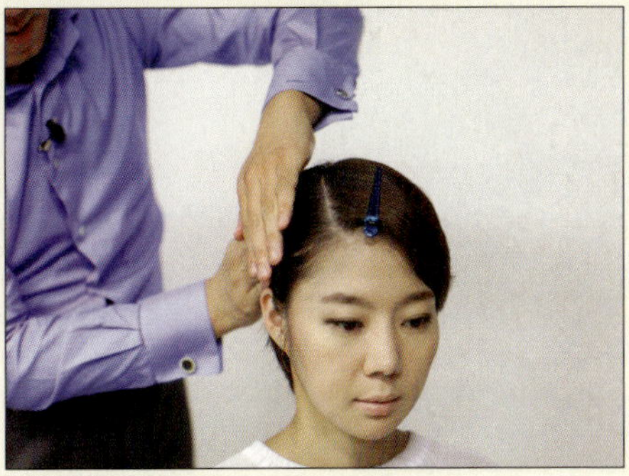

01 앞쪽을 7 : 3으로 가르고 옆머리를 정리한다.

02 정리한 옆머리에 젤을 바른다.

03 젤을 바른 부분을 드라이어로 고정시킨다.

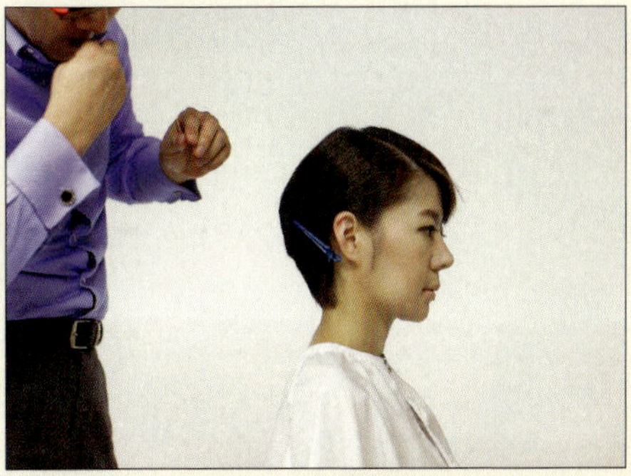

04 젤과 드라이어로 정리한 옆머리이다.

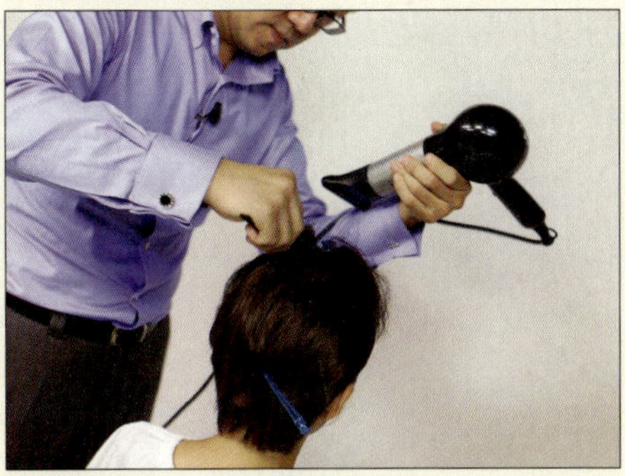

05 정수리부터 드라이어로 볼륨을 살리고 약간의 컬을 넣는다.

06 옆을 제외한 모든 부분에 드라이어로 볼륨과 컬을 넣는다.

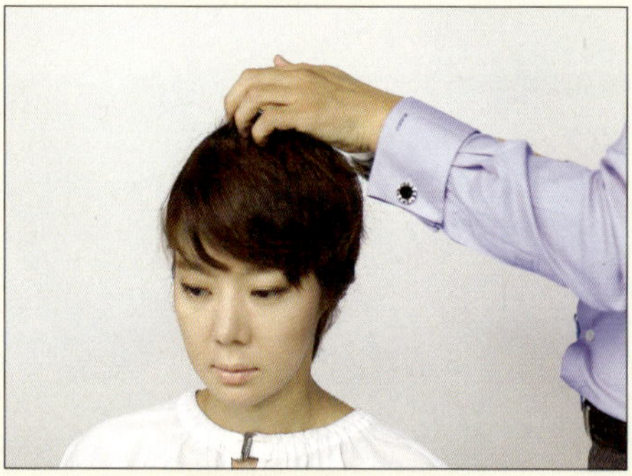

07 손과 드라이어로 볼륨과 질감을 표현한다.

08 전체적으로 골고루 볼륨과 질감을 넣은 후 부족한 부분을 확인하여 보완한다.

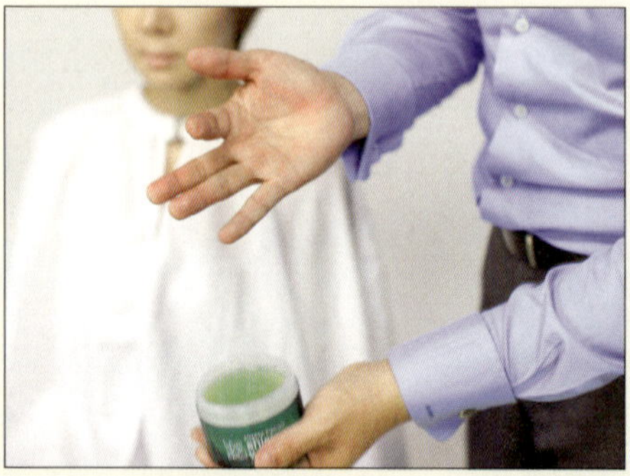

09 왁스로 질감을 정리한다.

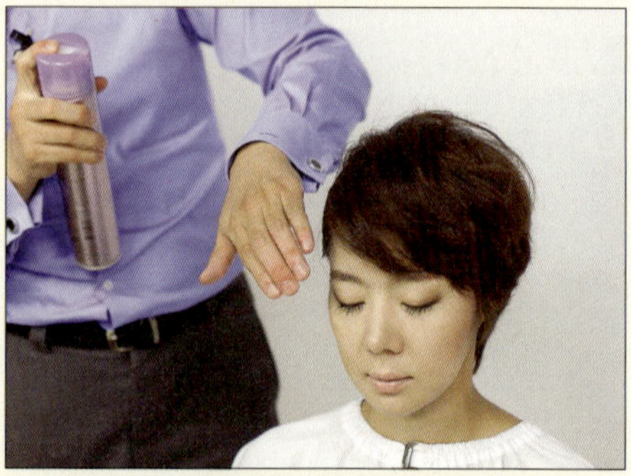

10 왁스와 스프레이로 볼륨을 유지하면서 고정시킨다.

11 매니시 헤어스타일의 완성된 옆모습

12 매니시 헤어스타일의 완성된 앞모습

7. 모던 이미지의 헤어스타일

1) 헤어스타일링

직선이나 사선의 기하학적인 형태를 심플하면서도 과감하게 잘 조화시켜 건축학적으로 연출한다. 장식보다 머리 형태나 포인트에 비중을 둔 스타일로 짧은 단발머리, 깔끔한 커트, 불규칙하게 자른 머리, 도시적 이미지의 뱅bang이나 보브 스타일, 직선의 긴 머리가 잘 어울리며 올백 머리에 포인트만 내리거나 비대칭적인 스타일도 좋다. 부분 염색이나 스타일링 제품을 사용한 윤기 있고 빛나는 머릿결로 도시적인 감각을 표현할 수 있다.

모던 이미지의 헤어스타일링

♥ 선의 느낌이 강한 스트레이트나 라인커트, 포니테일 등으로 깔끔하고 세련된 이미지를 연출한다.

2) 헤어스타일링 예시

미니멀하고 단순하며 현대적인 느낌을 연출하기 위해 포니테일을 만들어 포인트를 주면 직선의 기하학적인 형태와 포인트 부분이 진취적이고 모던한 분위기를 자아낸다. 포니테일을 만들 때는 고무줄을 튼튼하게 묶어야 헤어 자체가 쓰러지지 않고 단단히 서 있을 수 있다. 일자 모양의 헤어 안에 직선의 구조물을 넣는 것도 한 연출법이 될 수 있다.

모던 이미지의 헤어스타일링 과정

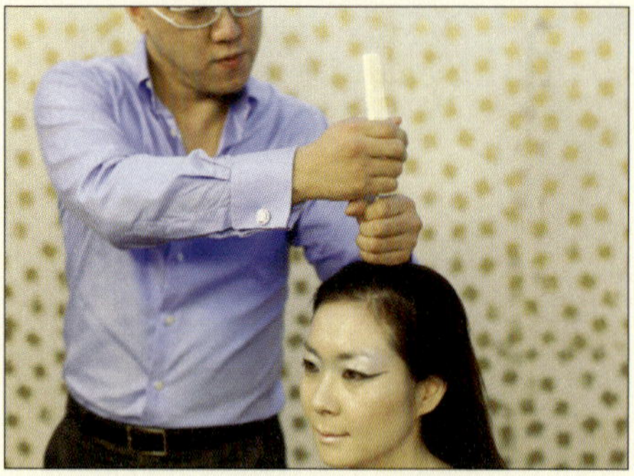

01 머리의 윗부분에 묶을 지점을 정한다.

02 지정한 곳에 전체 머리를 묶는다.

03 고무줄로 촘촘하게 묶는다.

04 나중에 고무줄을 감쌀 머리를 제외하고 촘촘하게 계속 묶는다.

05 고무줄로 묶으면서 머리를 세운다.

06 고무줄을 감쌀 머리를 2등분한 후 먼저 하나의 분량으로 돌려 가린다.

07 실핀으로 고정시킬 때는 뒷부분에 꽂아 앞에서 보이지 않도록 한다.

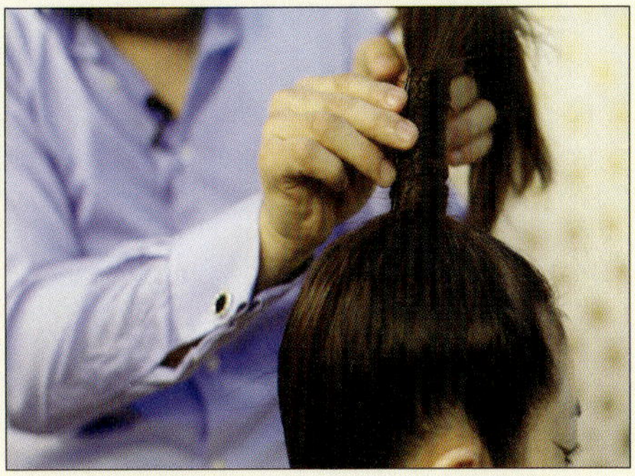

08 앞의 6번에서 남은 머리로 다시 고무줄을 감싸고 실핀으로 고정시킨다.

09 고무줄을 가린 후의 모습이다.

10 나머지 머리를 전체적으로 백코밍하여 풍성하게 만든다.

11 좌우가 대칭이 되도록 백코밍한다.

12 모던 헤어스타일의 완성된 모습

8. 아방가르드 이미지의 헤어스타일

1) 헤어스타일링

일정한 형태가 없으며 헤어라는 기존의 형식을 탈피한 스타일로 테마에 따라 다양하게 표현한다. 전위적, 독창적, 미래지향적이면서 기묘한 느낌으로 기존의 개념을 깨뜨린 다양한 재질의 소재나 여러 가지 오브제를 이용하는 경우가 많으며, 대중성과 거리가 먼 실험적인 이미지를 연출한다.

아방가르드 이미지의 헤어스타일링

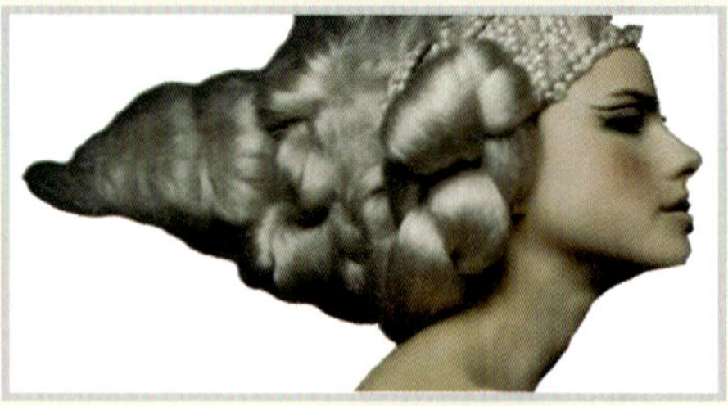

♥ 가발이나 헤어피스hairpiece 등을 이용하여 실험적인 이미지가 강한 스타일을 연출한다.

2) 헤어스타일링 예시

헤어씽으로 원 형태의 기하학적인 이미지를 연출한다. 한마디로 정의할 수 없는 스타일이지만 자신의 독창성을 연출하는 데 적합하다.

아방가르드 이미지의 헤어스타일링 과정

01 위의 중앙에서 오른쪽으로 약간 기울여 머리를 묶은 후 왁스로 정리한다.

02 오른쪽의 앞 방향으로 당겨서 빗질을 한다.

03 풍성하게 백코밍한다.

04 전체적으로 볼륨을 넣은 후 정리한다.

05 다시 빗질을 한다.

06 스프레이로 전체를 고정시킨다.

07 안쪽에 씽을 넣는다.

08 안쪽으로 말아서 모양을 만든다.

09 핀으로 고정시킨다.

10 롤의 겉자락 면을 펼친 후 깨끗하게 정리한다.

11 아방가르드 헤어스타일의 완성된 옆모습

12 아방가르드 헤어스타일의 완성된 앞모습

9. 내추럴 이미지의 헤어스타일

1) 헤어스타일링

가볍고 부드러운 느낌에 약간 헝클어져 꾸미지 않은 듯한 이미지로 인공적 스타일이 아닌 히피풍의 스트레이트와 자연스러운 웨이브가 잘 어울린다. 갈색과 오렌지색 계열을 중심으로 무난하게 연출한다.

내추럴 이미지의 헤어스타일링

♥ 인위적인 스타일보다 현재의 머리 상태를 그대로 살려 자연스럽게 흐르듯 떨어지는 느낌으로 연출한다.

2) 헤어스타일링 예시

아방가르드 이미지와 바람 느낌을 혼합한 형태로 헤어 자체가 자연스럽게 흐르는 듯한 분위기를 연출한다. 머리 전체가 아닌 몇몇 부분을 핀으로 고정시키고 드라이어 바람에 날려 스타일을 만든다. 머리카락이 살짝 흘러내리는 느낌도 효과적이다.

내추럴 이미지의 헤어스타일링 과정

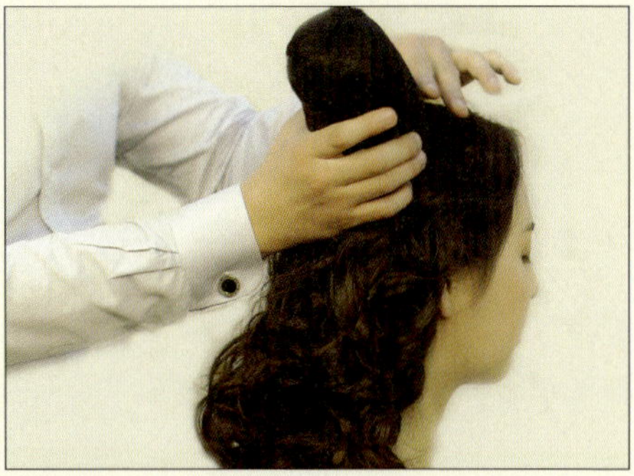

01 헤어씽을 고정할 위치를 잡는다.

02 원 형태로 섹션을 나눈다.

03 원 형태의 섹션 부분에 3가닥 땋기를 한다.

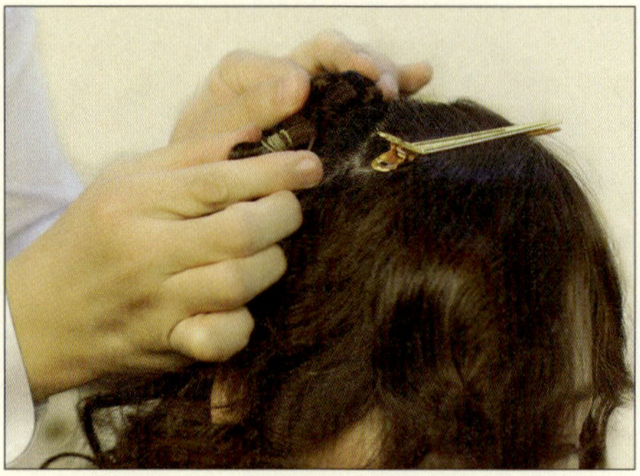

04 원 형태의 두피 부분에 땋은 부분을 고정시킨다.

05 원 형태의 땋은 머리 위에 씽을 튼튼히 고정시킨다.

06 앞부분을 두피까지 백코밍한다.

07 윗부분도 두피까지 백코밍한다.

08 머리 전체를 두피까지 백코밍한다.

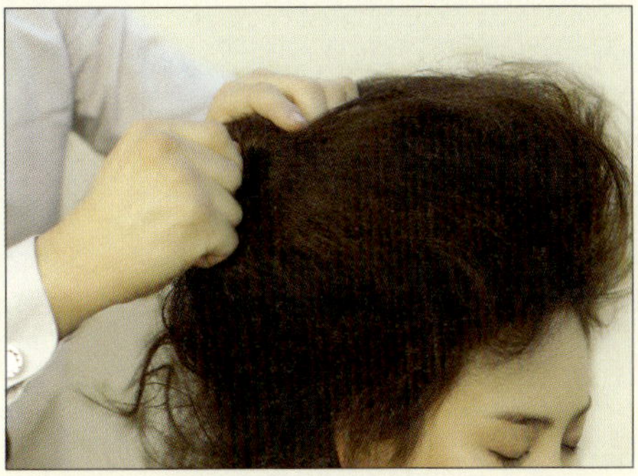

09 백코밍한 전체를 정리하여 씽의 끝 부분에 고정시킨다.

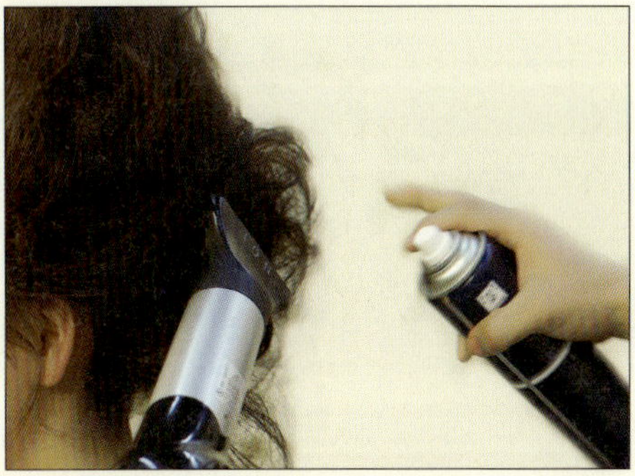

10 드라이어 바람과 스프레이로 정리하면서 모양을 고정시킨다.

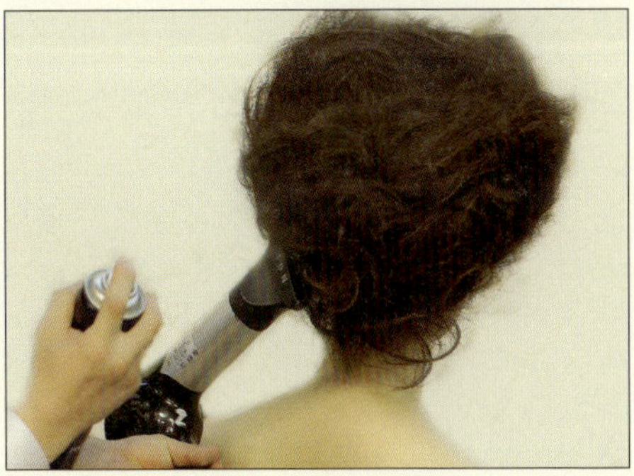

11 반복적으로 정리하면서 안정적으로 고정시킨다.

12 내추럴 헤어스타일의 완성된 모습

10. 웨딩 이미지의 헤어스타일

1) 헤어스타일링

신부의 청초하고 단아한 이미지를 표현하기 위해 전체적으로 볼륨과 곡선의 부드러움을 살려서 꼬거나 웨이브를 넣어 여성적이면서도 소녀 같은 느낌으로 연출한다.

웨딩 이미지의 헤어스타일링

♥ 볼륨이 느껴지면서 깔끔한 업스타일로 베일에 어울리도록 연출한다.

2) 헤어스타일링 예시

윗부분과 골든 포인트의 볼륨과 옆 부분의 꼬는 스타일이 두 축을 이루면서 이미지를 형성한다.

웨딩 이미지의 헤어스타일링 과정

01 매직기로 모근에 볼륨을 넣는다.

02 양옆을 나눠 임시로 고정시킨다.

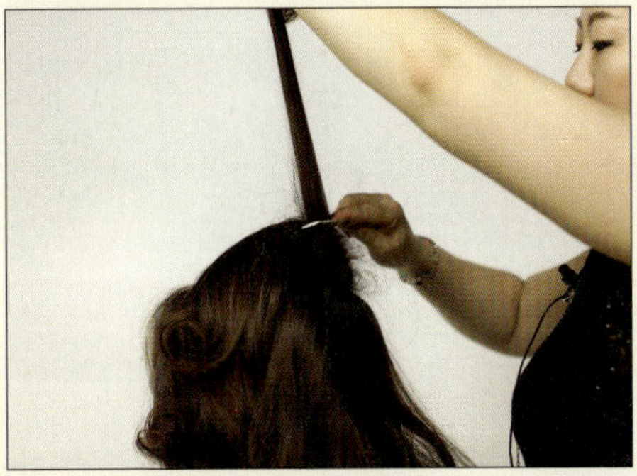

03 정수리부터 뒷부분B.P.까지 백코밍한다.

04 브러시로 표면을 매끄럽게 빗질한다.

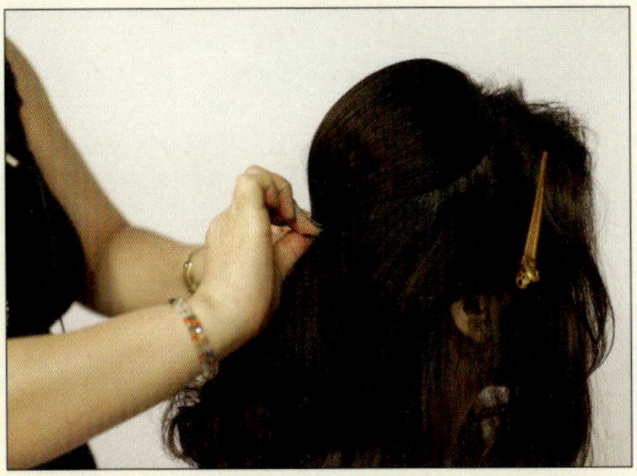

05 원형의 토대를 만들어 실핀으로 고정시킨다.

06 양옆을 백코밍한다.

07 앞쪽의 머리를 자연스럽게 꼬아서 핀컬pin curl 핀을 이용하여 임시로 고정시킨다.

08 양쪽의 균형을 맞추면서 다시 실핀으로 고정시킨다.

09 중간 부분을 위로 올려 임시로 고정시키고 아래 머리를 볼륨 있게 연출한다.

10 윗머리를 내려 자연스럽게 연결하여 마무리한다.

11 웨딩 헤어스타일의 완성된 옆모습

12 웨딩 헤어스타일의 완성된 앞모습

CHAPTER 7

체형과 코디네이션 기법

1. 체형별 코디네이션 기법

2. 신체 부위별 코디네이션 기법

CHAPTER 07

체형과 코디네이션 기법

1. 체형별 코디네이션 기법

인체의 이상형은 시대적 · 문화적 상황과 트렌드에 따라 변화하며, 이를 이상적 체형이라고 한다. 이상적 체형은 특정 시대 또는 사회가 추구하는 신체적 아름다움의 기준에 의한 것이며, 해당 기준에 따른 유행 체형은 그 시대와 사회의 미적 개념이나 가치관과 관계가 있다.

뷰티 스타일리스트는 이러한 체형을 충분히 파악하여 장점은 강조하고 단점은 최소화해야 한다. 디자인과 색 등에 의한 착시 현상을 활용하고 메이크업과 헤어는 체형뿐 아니라 얼굴형도 고려하여 이상적 체형에 가깝게 연출한다.

1) 여성의 체형 분류

일반적으로 여성의 체형은 어깨, 허리, 엉덩이 크기의 비례와 상반신의 형태에 따라 분류한다.

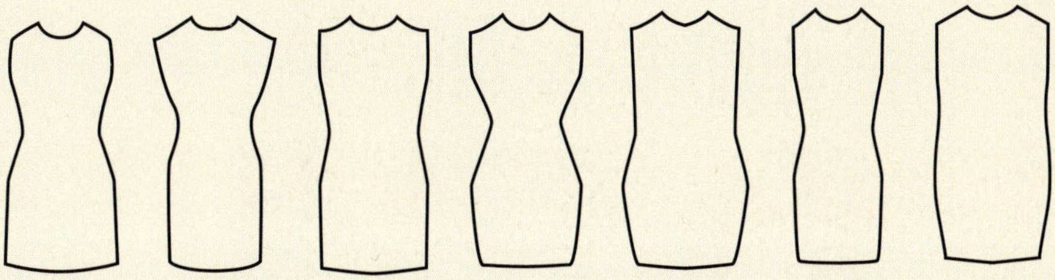

| 그림 7-1 | 여성의 체형 분류

(1) 삼각형 체형

어깨 폭이 엉덩이보다 좁고 하반신에 살이 많아 어깨가 좁아 보이는 체형이다. 하반신보다 상반신으로 시선이 집중되도록 하의보다 화려하거나 밝은색 또는 독특한 무늬가 있는 상의를 입고, 하의는 어두운색의 심플한 디자인을 선택한다. A 라인 스커트나 원피스가 효과적이며, 하체가 길고 날씬해 보이도록 굽이 있는 구두를 신는다.

(2) 역삼각형 체형

어깨가 넓고 허리와 엉덩이는 좁아 상반신이 크거나 넓어 보이는 체형이다. 상반신보다 하반신을 강조해야 하므로 삼각형 체형의 경우와 반대로 어두운색이나 심플한 디자인의 상의를 입고, 하의는 화려하거나 밝은 색 또는 독특한 무늬가 있는 디자인을 선택한다. 짧은 상의에 개더스커트 gather skirt나 플리츠스커트pleats skirt를 입으면 균형 잡힌 체형으로 연출할 수 있다.

(3) 사각형 체형

어깨, 허리, 엉덩이의 둘레가 거의 같아 실루엣에 변화가 없이 둔탁해 보이고 어린아이나 남성적인 느낌을 주는 체형이다. 가로선은 피해야 하며, 허리선이 강조된 재킷 또는 조끼를 입거나 오버사이즈oversize의 상의에 슬림한 하의를 착용하여 체형을 보완한다.

(4) 모래시계형 체형

가슴과 엉덩이가 볼륨 있고 허리는 가늘어 전체적으로 균형 잡힌 글래머러스한 체형이다. 자칫 뚱뚱해 보일 수도 있으며, 연령과 직업에 따라 이미지를 연출하는 데 제약을 받기도 한다. 너무 꼭 끼거나 너무 헐렁한 스타일보다는 자연스럽게 체형을 드러낼 수 있도록 약간의 여유가 있는 크기의 복장을 선택한다.

(5) 마름모형(다이아몬드형) 체형

어깨와 엉덩이에 비해 허리에서 엉덩이 윗부분까지가 비교적 넓고 다리는 가는 체형이다. H 라인의 원피스나 긴 재킷으로 단점을 보완하고, 허리 부분에 주름이나 장식이 있는 디자인은 피한다.

(6) 튜브형(마른) 체형

어깨와 엉덩이가 좁고 허리와 팔다리가 가늘어 길고 직선적이며 체중이 평균 이하인 체형이다. 밝은 원색, 광택이나 두께가 있는 소재, 주름이나 러플패치포켓 등을 활용하면 볼륨 있게 연출하고 생기를 불어넣을 수 있다. 목둘레가 깊게 파인 디자인, 얇은 소재, 수직선, 커다란 액세서리 등은 체형의 결점을 대조적으로 강조하므로 피해야 한다.

(7) 둥근형 체형

전체적으로 둥글둥글하고 볼륨이 있어 체중이 평균 이상인 체형이다. 수직선, 사선, H 라인을 활용하여 둥근 체형을 보완하고, 차가운 색이나 여유가 있고 길이가 긴 블라우스 또는 재킷에 중간 굵기의 벨트를 착용한다. 주름, 장식, 둥근 목둘레선은 피한다.

2) 남성의 체형 분류

일반적으로 남성의 체형은 직선적이고 단순하다. 1990년대 후반에는 키가 크고 어깨가 넓은 역삼각형이 이상적인 남성의 체형이었으나 2000년대 이후 부드러운 남성미의 부각으로 가늘고 긴 체형이 트렌드화되었다. 최근에는 각자의 개성과 감성에 맞게 체형을 다듬어 패션으로 연출하는 추세이다.

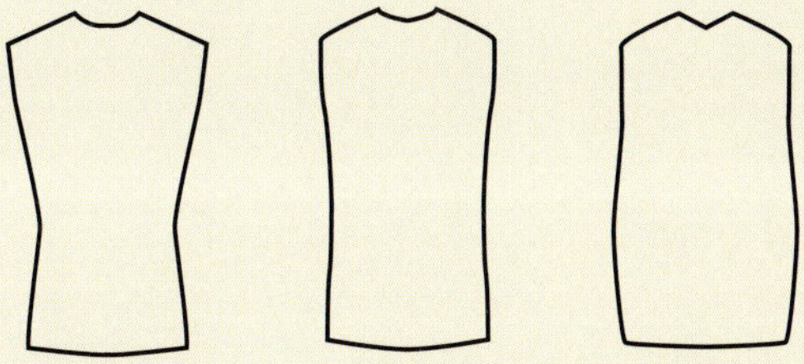

| 그림 7-2 | 남성의 체형 분류

(1) 역삼각형(T형) 체형

어깨가 넓어 남성적 건강미가 넘치는 전형적인 이상적 체형이다. 운동을 통해 이러한 몸을 만들기도 한다. 어깨 근육이 과도하게 발달한 경우에는 딱 맞는 정장 재킷보다는 캐주얼한 재킷이나 점퍼가 효과적이다.

(2) 사각형(H형) 체형

어깨와 하체가 일직선으로 허리는 밋밋하지만 가슴이 넓어 남성미가 풍기는 매력적인 체형이다. 다소 마른 경우에는 날카로운 인상을 줄 수 있으므로 중간 크기의 무늬나 광택이 있는 소재를 사용한다. 키가 작은 경우에는 왜소해 보일 수 있기 때문에 수직선이나 사선 무늬의 넥타이로 키를 커 보이게 한다.

(3) 둥근형(O형) 체형

전체적으로 살이 많은 체형이다. 키가 크면 비만으로 거대하거나 둔해 보이고, 키가 작으면 목이 짧고 나이가 많아 보일 수 있으므로 V-존이 깊어 목이 길고 상체가 날씬해 보이는 디자인을 선택한다. 부드러운 것보다는 약간 힘이 있는 소재를 활용하여 둥근 체형을 보완한다. 하의는 짙은 색이 좋으며 넥타이보다는 위 단추를 풀어서 입거나 스카프를 하는 것이 여유 있어 보인다.

2. 신체 부위별 코디네이션 기법

1) 키

(1) 키가 크고 뚱뚱한 체형

서양인에게서 많이 볼 수 있는 체형이다. 한색 계열의 색, 힘이 있는 소재, 장식이 없는 H 라인의 긴 재킷을 착용하고, 여유가 많은 넉넉한 크기의 옷은 피한다.

(2) 키가 크고 마른 체형

모든 스타일을 소화할 수 있는 체형이다. 얇고 딱 맞는 옷은 피하고 더블버튼의 상의, 주름이나 장식이 있는 디자인을 선택한다.

(3) 키가 작고 뚱뚱한 체형

귀여운 이미지의 체형이다. 몸에 밀착되어 실루엣을 드러내는 니트, 주름이나 장식이 많은 디자인은 피하고 전체적으로 귀엽고 깜찍하게 연출한다.

(4) 키가 작고 마른 체형

왜소하고 빈약한 인상을 줄 수 있는 체형이다. 약간 여유가 있는 스타일을 착용하여 체형을 보완한다.

2) 가슴

(1) 가슴이 큰 체형

뚱뚱해 보일 수도 있지만 성숙하고 관능적인 이미지를 연출할 수 있다. 가슴 부분에 패치포켓이나 주름은 피하고, 심플한 디자인의 상의와 포인트가 있는 하의를 선택한다.

(2) 가슴이 작은 체형

가슴 부분에 장식이나 무늬가 있는 디자인으로 볼륨이 느껴지도록 연출하여 여성미를 보완한다.

3) 허리

(1) 허리가 굵고 배가 나온 체형

허리와 배를 강조하지 않도록 직선적인 H 라인의 엠파이어 스타일 empire style이나 레이어드 스타일layered style을 선택하고 주름이나 장식은 피한다.

(2) 허리가 길고 하체가 짧은 체형

길이가 짧은 상의가 좋으며 여기에 액세서리로 포인트를 주거나 벨트를 착용한다. 원피스보다는 투피스를 입고, 힙본 스타일hipbone style의 하의는 피한다.

4) 엉덩이

(1) 엉덩이가 큰 체형

수직선의 무늬가 있는 하의, 중간 크기의 뒷주머니, 엉덩이를 살짝 덮는 상의를 선택한다.

(2) 엉덩이가 작은 체형

엉덩이의 양옆으로 주름이나 주머니가 달린 디자인을 선택하여 볼륨을 주고, 꼭 끼는 하의는 피한다.

5) 목

(1) 목이 굵고 짧은 체형

네크라인이 깊이 파인 옷으로 목이 길어 보이게 하거나 V-존이 긴 재킷을 입는다. 목에 딱 붙는 굵은 목걸이는 피한다.

(2) 목이 가늘고 긴 체형

지적이고 도회적인 이미지를 연출할 수 있으나 지나치게 가늘고 길 경우에는 불안정하고 처량한 느낌을 줄 수 있으므로 하이넥high necked collar의 상의나 목걸이 또는 스카프를 활용한다. 칼라가 없거나 목둘레가 깊고 넓은 디자인은 피한다.

6) 어깨

(1) 어깨가 넓고 올라간 체형

어깨선이 딱 맞는 상의를 선택하고, 어깨에 두꺼운 패드가 있거나 주름 또는 장식이 있는 디자인은 피한다.

(2) 어깨가 좁고 처진 체형

연약한 여성적 이미지의 체형으로 한복이 잘 어울린다. 어깨에 주름이나 장식이 많은 퍼프소매의 상의를 선택하고 재킷은 어깨 패드가 있는 것이 좋다. 처진 어깨를 보완하기 위해서는 어깨 패드를 사용하면 간편하나 여성스러운 느낌이 풍부한 사람은 각진 패드가 어울리지 않을 수도 있으므로 의상 자체로 자연스럽게 둥근 어깨를 연출하는 것이 좋다.

7) 팔

(1) 팔이 굵은 체형

긴소매, 헐렁한 상의, 숄 등을 사용하여 팔을 가리거나 길어 보이게 하고, 몸에 딱 맞는 니트나 광택이 있는 소재는 피한다.

(2) 팔이 짧은 체형

어깨를 살짝 가리는 캡소매의 상의를 착용하고, 소매가 없는 경우에는 어깨가 좀 더 드러나는 디자인을 선택한다.

8) 다리

(1) 허벅지가 굵은 체형

엉덩이와 허벅지에 약간 여유가 있고 길이가 긴 스타일이 좋다.

(2) 종아리가 굵은 체형

길이가 긴 하의가 좋으며, 짧은 치마는 딱 맞는 것보다는 밑단이 넓은 A 라인이나 세미-플레어스커트를 선택한다. 무릎 정도의 샤넬라인 스커트나 발목까지 오는 구두 또는 부츠는 피한다.

(3) 다리가 짧은 체형

엉덩이를 덮는 상의와 굽이 높은 구두를 선택하고, 발목까지 오는 하의는 피한다.

CHAPTER 8

이미지별 맵 작업과 실습

1. 로맨틱 이미지 맵
2. 엘레강스 이미지 맵
3. 클래식 이미지 맵
4. 액티브 이미지 맵
5. 에스닉 이미지 맵
6. 매니시 이미지 맵
7. 모던 이미지 맵
8. 아방가르드 이미지 맵
9. 내추럴 이미지 맵
10. 웨딩 이미지 맵

이미지별 맵 작업 실습

자격 검정의 출제 기준과 참고 사항

- 용지 : 검은색 하드보드지 4절
- 주조색, 보조색, 강조색 : 종이나라 120색 컬러칩 기준, 30×15mm 크기
- 의상과 액세서리 이미지 : 왼쪽 면에 구성
- 헤어스타일 이미지 : 오른쪽 윗면에 구성
- 메이크업 이미지 : 오른쪽 아랫면에 구성
- 폰트 : 제목 48pt, 각각의 제시어 20pt, 주조색 · 보조색 · 강조색 13pt
- 이미지는 개수에 제한 없이 전체 여백 10% 이하의 범위 내에서 자유롭게 선택한다.
- 마커펜이나 사인펜, 라인 테이프 등 다양한 재료를 활용하여 장식해도 무관하다.
- 이미지와 관련된 배경을 먼저 부착하고 그 위에 의상과 액세서리, 헤어스타일, 메이크업 이미지를 배치한다.

이미지 구성의 순서와 요령

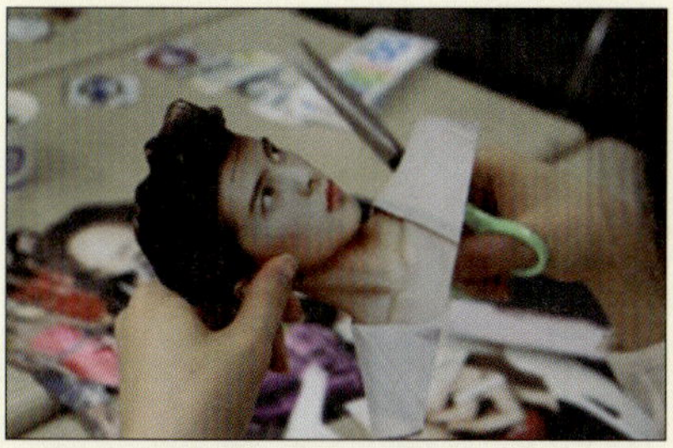

01 헤어스타일과 메이크업 : 목선이 보이도록 적당한 크기로 자른다.

02 의상 : 실루엣이 보이도록 자른다.

03 액세서리 : 소품을 포함하여 해당 이미지에 맞는 아이템들을 자른다.

04 전체 이미지 모음 : 해당 이미지들의 전체적인 조합을 검토한다.

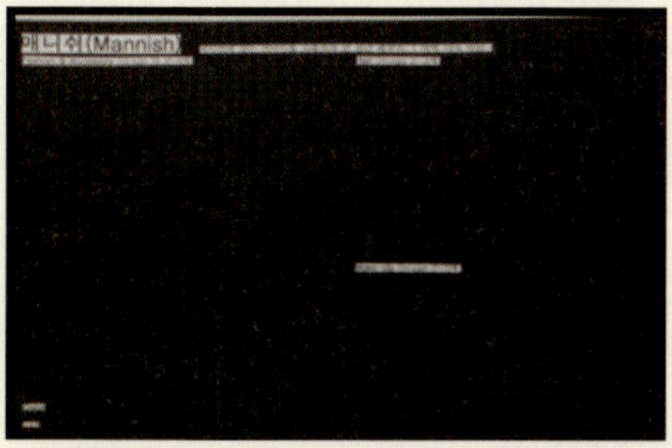

05 하드보드지 레이아웃 : 제시된 레이아웃에 맞춘다.

06 배치 : 해당 이미지들을 적절히 배치한다.

07 색상 선택 : 주조색, 보조색, 강조색을 선별한다.

08 최종 완성 : 선별한 색상의 컬러칩을 붙여 이미지 맵을 완성한다.

1. 로맨틱 이미지 맵

로맨틱 이미지 맵

로맨틱 이미지의 맵 작업 예시

2. 엘레강스 이미지 맵

엘레강스 이미지 맵

엘레강스 이미지의 맵 작업 예시

3. 클래식 이미지 맵

클래식 이미지 맵

클래식 이미지의 맵 작업 예시

4. 액티브 이미지 맵

액티브
이미지 맵

액티브
이미지의
맵 작업 예시

5. 에스닉 이미지 맵

에스닉
이미지 맵

에스닉
이미지의
맵 작업 예시

6. 매니시 이미지 맵

매니시
이미지 맵

매니시
이미지의
맵 작업 예시

7. 모던 이미지 맵

모던
이미지 맵

모던
이미지의
맵 작업 예시

8. 아방가르드 이미지 맵

아방가르드
이미지 맵

아방가르드
이미지의
맵 작업 예시

9. 내추럴 이미지 맵

내추럴
이미지 맵

내추럴
이미지의
맵 작업 예시

8. 아방가르드 이미지 맵

아방가르드
이미지 맵

아방가르드
이미지의
맵 작업 예시

9. 내추럴 이미지 맵

내추럴
이미지 맵

내추럴
이미지의
맵 작업 예시

10. 웨딩 이미지 맵

웨딩
이미지 맵

웨딩
이미지의
맵 작업 예시

참고문헌

공미란 외. 패션 디자인. 예학사, 2008
구환영 외. 이기적. 영진닷컴, 2011
권구정 외. 메이크업 아이콘. 청구문화사, 2006
권영자 외. 스타일리스트를 위한 뷰티 코디네이션. 국제, 2005
김교숙. 김교숙 업스타일 바이블. 제일출판사, 2003
김귀정 외. 실전 메이크업. 청구문화사, 2007
김미선 외. 헤어 컬러 디자인. 예림, 2003
김민경. 실용 색채 활용. 예림, 2010
김영인 외. 현대 패션과 액세서리 디자인. 교문사, 2001
김월순 외. 토탈 패션 코디네이션. 예림, 2004
김칠순 외. 패션 디자인. 교문사, 2005
김혜경. 패션 트렌드와 이미지. 교문사, 2008
김환. 열두 손가락 업스타일. 화신문화, 2001
박길순 외. 패션 이미지 스타일링. 궁미디어, 2009
박보영. 코디네이션. 현우사, 2008
상명대학교 미래예술연구소. 컬러 심리 커뮤니케이션. 일진사, 2008
송혜자. 업스타일 헤어. 석영문화원, 1995
오희선 외. 패션을 위한 디자인. 경춘사, 2001
이경손 외. 의생활과 패션 코디네이션. 교문사, 2007
이경희 외. 패션과 이미지 메이킹. 교문사, 2006
이원경. 모발미용학. 청구문화사, 1998
이정주 외. 패션 액세서리. 신광출판사, 2009
이진용 외. 웨딩 코디네이션. 현문사, 2008
이현미 외. 패션 스타일리스트. 시대고시기획, 2010
이현숙 외. 패션과 뷰티를 위한 코디네이션. 신정, 2002

이혜성. Make-up design. 현문사, 2003
장성은 외. 이미지 메이킹을 위한 토탈 패션 뷰티 코디네이션. 경춘사, 2008
천지연 외. Faces in make up. 청구문화사, 2003
최민령 외. 뷰티 메이크업. 예림, 2006
한성지 외. 패션 디자인. 교학연구사, 2007
한성진. 헤어그라피. 한성진 작품 연재분, 2000~2006
한성진. up&up 한성진의 15분 업스타일. 드림북, 2003

C&D Institute. 색채론. 한국색채디자인개발원, 2012
Davis Biton. 그레이트 헤어. 예림, 2009
Faber Birren. 색채의 영향. SIGONGART, 1995
Patrick Cameron. 긴 머리 업스타일. 예림, 1997
Patrick Cameron. 업스타일. 예림, 2003
Rene Huyghe. 김화영 역. 예술과 영혼. 열화당, 1979

문영숙. 20C 헤어스타일 변천사 고찰. 인체예술학회지, 제2권 제2호
조미영. 조선 후기 여성의 머리 형태 재현에 의한 현대 업스타일에 관한 연구. 세종대학교 대학원 박사학위 논문, 2004
조미영. 현대 헤어스타일에 나타난 해체 현상에 관한 연구. 세종대학교 대학원 석사학위 논문, 1998
Hair mode, 2004년 3월호
Long hair design. Pivot point, 1994
小河原正光. Sensitive long hair. 東京:新美容出版(株), 1990
新井唯夫. Up styling. 東京:新美容出版(株), 2001

찾아보기

| 저자 소개 |

안미려
(사)한국메이크업전문가직업교류협회 회장
한국뷰티스타일리스트협회 회장

한성진
한국업스타일전문가협회 회장
서경대학교 미용예술학과 학과장

최민령
한국뷰티스타일리스트협회 부회장
CML뷰티디자인센터 대표

이미옥
한국뷰티스타일리스트협회 부회장
서울예술전문학교 패션예술학부 교수

권상민
한국뷰티스타일리스트협회 이사
연성대학교 뷰티스타일리스트과 외래교수

유현식
한국뷰티스타일리스트협회 이사
La mode de RoiU 대표

이성호
한국뷰티스타일리스트협회 이사
(주)스마트레이 대표이사

맹유진
한국업스타일전문가협회 부회장
대구계명문화대학 외래교수

뷰티 스타일리스트

2013년 2월 1일 초판 인쇄
2013년 2월 5일 초판 발행

지은이 | 안미려 · 한성진 · 최민령 · 이미옥 ·
권상민 · 유현식 · 이성호 · 맹유진

발행인 | 유제구
발행처 | 파워북
주 소 | 서울특별시 마포구 독막로 291-5(염리동 대동빌딩 4층)
전 화 | (02) 730-1412
FAX | (02) 730-1410
등 록 | 1997. 1. 1 제 300-1997-13
편 집 | 민하디지탈아트(02-3274-1333)

정 가 | 26,000원
ISBN | 978-89-8160-201-7 (93590)